地域文化视角下漫川关古镇的保护与传承

张　蕾　丁　鼎　李沅芳　主　编
桑国臣　朱轶韵　刘瑞强　副主编

中国原子能出版社

图书在版编目(CIP)数据

地域文化视角下漫川关古镇的保护与传承 / 张蕾，丁鼎，李沅芳主编. -- 北京 ：中国原子能出版社，2020.9（2021.9重印）

ISBN 978-7-5221-0922-0

Ⅰ. ①地… Ⅱ. ①张… ②丁… ③李… Ⅲ. ①乡镇-古建筑-保护-研究-山阳县 Ⅳ. ①TU-87

中国版本图书馆 CIP 数据核字(2020)第 187383 号

地域文化视角下漫川关古镇的保护与传承

出版发行 中国原子能出版社（北京市海淀区阜成路 43 号　100048）
责任编辑 胡晓彤
责任校对 鹿小雪
印　　刷 三河市南阳印刷有限公司
经　　销 全国新华书店
开　　本 787mm×1092mm　1/16
印　　张 12
字　　数 220 千字
版　　次 2020 年 9 月第 1 版　　2021 年 9 月第 2 次印刷
书　　号 ISBN　978-7-5221-0922-0　　**定　价**　58.00 元

网址：http：//www.aep.com.cn　　E-mail：atomep123@126.com
发行电话：010-68452845

目　录

1　古镇历史与文化

漫川古镇位于陕西省东南部，秦岭南坡，属商洛市柞水县，处东经110°03′，北纬 33°14′，距县城 74 公里，总面积 45 平方公里。西魏废帝二年（553 年），上庸郡所迁至丰阳的漫川关，同时分丰阳县地增设漫川县，两县并存，北周保底三年（563 年）并入丰阳。之后漫川关都上属丰阳县（见图 1-1-1）。

图 1-1-1　古镇地形地貌

1.1　自然与区域

1.1.1　自然及资源

漫川关自然资源丰富，山水环绕，土地肥沃，在这里汇聚了丰富的自然人文景观。

1. 地理位置

漫川关镇位于山阳县的南部，与湖北省接壤，东经 33°14′，北纬 110° 24′，位于陕西省商洛市山阳县东南，地处金钱河一级支流的靳家河口，山水相连、两河夹川环抱，西临南宽坪镇，北与法官镇、延坪镇毗邻，东与石佛寺镇，南与湖北省郧西县上津镇接壤，是山阳历史悠久的边陲古镇之一，素有陕西“南大门”之称。整个镇域面积 230. 7 平方公里。北距山阳县城 203 省道 96 公里，福银高速公路距县城仅 47 公里，南距郧西县上津镇 15 公里。

从西魏（553 年）作为丰阳县（今山阳县）县治地所在地，素有陕西“南大门”的称号，山阳第一水旱码头就在漫川关，是真正地理意义上的陕鄂之界，有“朝秦暮楚”之说（见图 1-1-2）。

图 1-1-2 漫川关地理位置

漫川关平均海拔 294 米，四周群山环绕，南有陨岭，东靠太平山，西有猛住山，北有天竺山、鹊岭。座落漫川前店北的土地岭，主峰 1000 米，岭脚有千佛洞，内存武周永昌年间雕刻立体石佛数百尊。

同时金钱河、靳家河、纸房河、万福河四条河流在此交汇，山水格局呈现“太极环流”之势（见图 1-1-3）。

图 1-1-3 漫川关“太极环流”效果图

2. 水文地质

漫川山古镇周围群山环绕，其中靳家河贯穿其中，此河源头出白龙乡北，流经西泉、延坪，最终汇入金钱河。靳家河长 30 公里，流域面积 424 平方公里，落差 346 米，其上游为鹤岭林区，水保良好，流量稳定，沿途有非常丰富的景观资源。(见图 1-1-4)

图 1-1-4 漫川关靳家河两岸景观

3. 气候条件

漫川古镇属于整体的气候类型属于亚热带气候向温带过渡气候，环境整体温和，四季温度在 14. 6~16. 3℃，无霜期 215—235 天，多年平均降水量约 750mm，土壤为黄棕壤土，农作物麦稻双熟。

受季风影响，古镇境内，大体划为两个气候带、三个气候区。鹤岭以北为温暖带，鸽岭以南为亚热带。金钱河谷、谢家河谷的户家原、南宽坪、漫川、照川一带为低热区。南部漫川关比北部王庄的年气温高 4℃，年降水量 653~758mm，农作物一年双熟。原漫川关镇政府所在地漫川街道后有灵台山（俗称青龙山）、卧虎山，街南有落凤山（俗称南坡），镇前有自北向南流淌的靳家河，对岸是如意山、凤岚山，靳家河和流经此地的汉江支流金钱河交汇后一起东去，造就了漫川关古镇山色湖光的水乡风光。

山阳降雨充沛，河流众多，地表水丰富。在一些石灰溶岩地，还形成许多泉水。全山阳降雨充沛，河流众多，地表水丰富。在一些石灰溶岩地带，还形成许多泉水。全县径流量 14. 47 亿立方米，其中自产水占 58. 4%，过境水占 41. 6%。每亩耕地平均占水 1790 立方米，低于全国，高于全省，属水量较丰区。水的来源主要靠天然降水补给，年际变化很大，年内分配不均，大量径流白白流走。全县水能蕴藏量 19. 5 万瓩，可开发量 5. 6 万瓩，目前已开发 821 瓩，占可开发量的 1. 5%，水能潜力很大。

本县水质好，绝大多数符合生活用水和灌溉用水标准。化验证明，矿化度平均每升 262~318 毫克，硬度平均每升 85~104 毫克，各大河流水型概分两种：银花河为碳酸盐、重碳酸盐钙组 I 型水；其余均属重碳酸盐、碳酸类钙组 Ⅱ 型水。离子含量，靳家河、马滩河较高，银花河次之，金钱河最低。绝大多数水中含酚、砷、氰、汞、铬等黴量元素低，属于一级水，氟和碘的含量也很低，故在一些地方间有氟病和甲状腺肿发。

4. 自然资源

漫川关有丰富的自然资源，离不开其特殊的“太极环流”的山水格局。古镇有丰富的煤资源，同时分布着金矿、黄铁矿、砷矿（见图 1-1-5）。

图 1-1-5 矿石资源

矿产资源，金矿依据淘金史，本县砂金分布广泛，金钱河畔的户家原、九甲湾、合河、银花河畔的过风楼、银花等乡都有砂金。十里、长沟、石佛寺也有淘金史。且有“金，愈淘愈深”之说。据初探，鹊岭北麓有金矿。黄铁矿主要集中在漫川镇云岭，砷矿在漫川镇纸房沟。

林业资源，漫川关整体森林覆盖率 72%，林区主要分布于陨岭、天竺山、猛柱山、太平山、贺家岭等地，经济林种主要以核桃、板栗、魔芋、桐油、柑橘为主。漫川关一带盛产积实果，其为积壳权树结的果实，未成熟时采下的幼果叫积实，成熟后采下的果实叫积壳．唐代诗人朱庆余在《商州于中承留吃积壳》诗中写道：“方物就中名最远，只应医疾味偏佳，若叫尽乞人人与，采尽商山积壳花”。可见当时的积壳不仅是治病的药材，而且是负有盛名的水果（见图 1-1-6）。

图 1-1-6 积壳

1.1.2 区域与环境

古镇特有的地理位置，形成了其他独特的自然与人文景观。

1. 山水环境

漫川关古镇呈现“两河四山格局”，整个古镇在金钱河和靳家河的交汇之处，由如意山、青龙山、凤岗坡、白虎山形成四周山峦屏障。山、水、古镇，形成“天人合一”的格局（见图 1-1-7）。山水环境尊重古代人居环境择优处理空间，秉承尊重自然、和谐相生的理念。水为古镇居民日常生活重要的资源，同时为古镇的水运交通提供条件。山为古镇居民抵御冬季寒风、山上的植被也给小镇居民提供必要的生产物资。20 世纪 70 年代，漫川人民掘断下薄岭，逼水直流，改河造田 2000 多亩，之后又修建了一座小型水电站，致使金钱河水不再环流。如今虽不见了昔日山环水绕的盛景，但太极图案的扇形地貌依然依稀可辨。

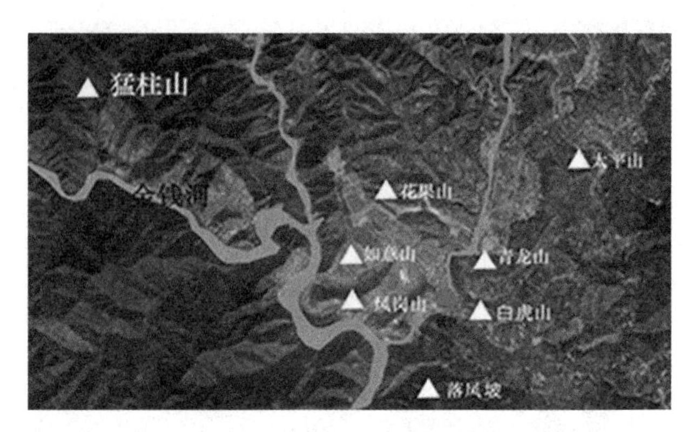

图 1-1-7 古镇山水格局图

2. 周围景点

漫川山古镇，不但身处于风景秀丽的自然山水之间，而且周边也有着独一无二的自然风光：牛背梁国家森林公园、金丝大峡谷、天竺山风景区、武当山风景区、虎啸滩风景区，景色秀丽，引人入胜（见图 1-1-8）。

图 1-1-8 牛背梁国家森林公园、金丝大峡谷、天竺山风景区、虎啸滩风景区

其中最著名的是武当山风景区（见图 1-1-9）。武当山，作为中国道教圣地，其朱峰天柱峰海拔 1612 米，有七十二峰、三十六岩、二十四涧、十一洞、三潭、九泉、十池、九井、十石、九台等胜景，风景名胜区以天柱峰为中心有上、下十八盘等险道及“七十二峰朝大顶”和“金殿叠影”，建筑遗迹有太和宫、金殿、紫禁城、净乐宫、玄岳门、玉虚宫、太子坡、磨针井、南岩、琼台观等。

1994 年 12 月，武当山古建筑群入选《世界遗产名录》，2006 年被整体列为“全国重点文物保护单位”。2007 年，武当山和长城、丽江、周庄等景区一起入选“欧洲人最喜爱的中国十大景区”。2010 至 2013 年，武当山分别被评为国家 5A 级旅游区、国家森林公园、中国十大避暑名山、海峡两岸交流基地，入选最美“国家地质公园”（见图 1-1-9）。

图 1-1-9 武当山风景区

1.2 历史溯源

漫川关（古称丰阳关）在秦岭东南腹地的商洛地区，春秋时期属于晋，又称蛮子国，根据《郡县志》中记载："上洛县南一百里即晋阴地，漫川即古蛮子国"。

蛮子即关中北方人对南方少数民族的泛指，可见漫川关人在春秋时代就相当活跃。

西晋泰始二年（266 年），设丰阳县（今山阳县），治县于丰阳关，即如今的漫川关。东晋仍然为丰阳关（漫川关）。

前秦皇始二年（352 年）于丰阳关（今漫川关）置荆州，郑樵《通志》载："前秦健皇始年间（351—354 年），符融遣符普掠上洛，于丰阳川立荆州，以引南金奇货弓竿漆蜡，通关市，来远商，国用充足而异贿盈积"。由此可见，当时在丰阳川所置之荆州，不仅是行政区域，还兼有贸易特区之性质。

南北朝时期，行政区划混乱，南朝郡县朝设夕废，丰阳关撤销。北朝北魏太安二年（456 年）复设丰阳县，承平四年（511 年）于丰阳设上庸郡。西魏复置丰阳县，废帝二年（553 年），上庸郡所迁至丰阳的漫川关，同时分丰阳县地增设漫川县，两县并存，北周保底三年（563 年）并入丰阳。之后漫川关都上属丰阳县。

隋仍然为漫川关，属丰阳县。唐不变，漫川关上属于丰阳县，归山南西道商州属。五代的行政制度沿用唐制，由于分裂割据，漫川关都上属丰阳县，属商州。

北宋不变，南宋这里战事频繁，隶属关系变化无常。金初仍为漫川关，上属于丰阳县，贞元二年（1154年）丰阳县降为丰阳镇。元代复置，并入商州。

明初漫川关不变，仍置丰阳县。设置12里，漫川关改漫川里，明景泰中（1450—1457年），王彪、刘千斤聚集流民，起义山中，秦、蜀、楚、豫毗连地带群起响应，占地千余里，朝廷屡兵征剿，未能平息。

明成化十一年（1475年），原杰奉命安抚后，疏奏升湖广郧州为郧阳府，设巡抚一员，统辖秦、楚、豫接壤之州县。次年（1476年）十二月，移丰阳巡检司于漫川，复置县，改名山阳县，归西安府商州属。

清为山阳县，属于西安府，置县于漫川关，称漫川里。

民国初期，县以下区划沿袭清制，中期变更频仍。民国十八年（1929年），全县划5个区，89个村，漫川关属于其中三区。

民国三十六年（1947年）年，解放军攻取山阳县城，县政府于当年前移置漫川关前店子，民国三十八年（1949年）6月全县解放，县政府由漫川前回县城。

1949年10月1日中华人民共和国成立后，成立漫川关镇，下设8个乡。

1.3 社会文化

1.3.1 文化交融

1. 商贸文化

据《山阳县志》记载，山阳县的商业贸易活动，最早以漫川关为中心。

前秦皇始二年（352年）于漫川关置荆州，通关市，招远商，引进南金奇货，购买弓竿漆蜡。宋元以降，金钱河水运初开，境内土产山货和江南手工制品均以漫川为集散地。

明成化十四年（1478年）山阳县城建成后，成为全县第二商贸中心，彼时山阳县仅4个集市：县城、漫川关、高坝店、户家原，主要交易柴米油盐布等日常生活用品。清代中叶，山阳县集市增至12个，增设集市有南宽坪、板岩、合河、长沟、马鹿坪、中村、两岔口。彼时水运空前繁荣，南宽坪、合河、板岩等乡镇疏通船运，开辟集市。一时间，漫川关水码头舟楫如林，货物山积，县城也是四方辐辏，商旅再兴。山西潞盐、关中棉花自潼关或蓝田驮运山阳县，连同本地桐油、药材、皮张、火纸等土特产一起，船运武汉，销往全国。上海“国货”和外国“洋货”则由汉口或老河口运抵本县漫川、板岩。再通过驮运销往河南、山西。彼时县城、漫川等地，有私营骡马店、山货栈行和牙行数家，代货主推销食盐、棉布和收购山货土产。

民国期间，元子街、小河口、九甲湾、莲花池、两岭、洛峪、银花、袁家沟口相继立集，全县集市增至20个。民国二十三年（1934年），陇海铁路展抵西安，商运改道，漫川关商务渐衰。

建国初，传统的集市贸易兴盛一时，无论社会主义经济或资本主义经济，都通过集市贸易同个体经济保持联系。改革开放后，集市贸易空前活跃，成交额大幅度增长。漫川商业文化也反映在其中心广场商业建筑，如北会馆、武昌会馆、骡帮会馆、鸳鸯双戏楼均反映了当时商业贸易的繁荣。会馆是商帮集会的地方，不同会馆代表不同商会，其所代表的利益群体也不同。如在北会馆，从今悬挂的会旨来看：“一、商定本帮重大事项；二、维护帮会会员权益；三、调节帮内商务纠纷；四、保障会员人货安全；五、处置意外灾难事故；六、主持祭祀联谊活动；七、权衡商行货物质量；八、平抑市场高低物价；九、筹集会馆开支经费；十、参与资助公益事业”。会旨规定了帮会的权利义务，一定程度上维持了商贸交易的秩序，减少商业纠纷，有利于促进漫川本地商品贸易的发展。

2. 移民文化

据《山阳县志》记载，山阳县民称北人或北人后裔为“本地人”，包括明代以前的本县老户、明清两代流徙山阳的山西移民和清代以后迁进山阳的北方人。据1985年调查，全县自称“本地人”者近12万人，占总人口的十分之三，这三种人中，数量居多的是山西移民。

据《明实录》《日知录》记载：元朝末年，蒙古贵族对各族人民实行残酷压榨，加上水旱蝗灾严重，兵燹四起，瘟疫流行，民不聊生，北方赤地千里，路断人稀。1368年，朱元璋率领起义军统一全国，结束了元代的混乱局面。但灾区居民多逃，城廓一空，人口不足，生产率低下，官府钱粮无处征收。明朝定都金陵后，决定实行“移民屯田”政策，恢复北方生产。当时山西南部受害较小，人口稠密，加上很多难民流落在此，压力很大。明政府决定在山西洪洞的广济寺（位于大槐树下）设置移民局，征集移民，办理迁发手续。同时号召地方官吏带头移民，并给予种种优待。移民户从各州县集中于此，在这里共同生活一段时间后，再迁到各落户点。到新地方落户时，不再提及各自的原籍，只说是“从大槐树底下来的”。

据1985年调查，清代初期，由山西迁入山阳的计有二十多姓，主要分布在城关镇和色河、三里、五里、十里、过风楼、高坝、黄土包、洛峪、中村、银花乡的川道地带。

另一部分的人口源流是南人。南人习称“下湖人”，包括明成化年间安置的荆襄流民、清乾隆间进山的江淮灾民和此后迁来的南方客民。在漫川关，居民以“下湖人”居多，据 1985 年统计，全县自称“下湖人”者达二十三万，占总人口的十分之六。

第二批进入山阳的下湖人是江淮灾民，他们于乾隆年间迁来，分居在鹘岭以南各地和鹘岭以北的山乡，土地少，条件差，生活贫困。

而湖广、江南之民流徙陕南的主要原因是水灾。据《楚北水利堤防纪要》载：顺治十八年间，湖北遭受洪涝灾害达十四次之多，受灾范围达九十三州县。

大批“下湖人”进入山阳后，全县人口、耕地迅速增长，稻田大面积开垦，包谷大面积种植，许多荒山旷野乃至人迹罕至的地方得到开辟。尤其是开发金钱河水运，为生漆、桐油、药材、龙须草等土特产品开辟了市场，促进了商品经济的发展。

3. 宗教文化

漫川关的宗教种类繁多，在整个古镇上有信奉天主教、伊斯兰教、佛教、道教，遍布着天主教堂、伊斯兰教堂、千佛洞佛教寺院、万福娘娘庙、慈王庙等大大小小的宗教建筑。

朝阳洞，位于漫川关镇与法官镇的交界处，作为一处道教寺庙，承载着当地道教文化传播的作用，朝阳洞始建于唐代，在清时兴盛，这里可以说是鹘岭以南道教的发源地，漫川关附近的道观训导，都要以朝阳洞为主，期内供奉三清神像，香火极为旺盛。除朝阳洞外，漫川关镇还有吕祖庙、三关庙，其位置位于漫川关街道北口和漫川关解答后卧虎山上，可以说漫川关镇曾是民国时期，道教活动的中心地带。

佛教文化不得不提在当地非常有名的千佛洞，相传当年唐代时期，佛教文化传入漫川关地区，在漫川关前店子村，成为当年僧侣活动的中心。在那里活动的僧侣为了弘扬佛法，开凿洞窟，修建千佛洞，成为当地佛教活动的中心。除此之外，在明代中期在漫川关后街道，开凿出了娘娘洞，成为了当地居民求子纳福的中心，之后慢慢发展，娘娘洞旁也修建起了娘娘庙，其规模相较于原来的娘娘洞也更大。千佛洞和娘娘庙的修建，可以看出，在漫川关古镇一带，人们通过佛教活动来表达内心对美好生活向往的质朴愿望。

在漫川关镇宗教文化发展过程中，由于受到西方传教文化的影响，也出现了天主教，在古镇的明清街上的天主教堂就是那时期文化传播的结果（见图 1-3-1）。

清代之前，在漫川关是没有回族人的，在清同治时期随着回民大起义，有回族龚、马、刘三姓定居漫川关，回族文化就这样在漫川关发展起来了。在当地建立了规模较大的清真寺庙，回民在此诵读《古兰经》，举行日常祝祷活动，20 世纪 80 年代清真寺庙进行重新修缮，如今的漫川关镇是全县著名的伊斯兰教活动中心。

图 1-3-1 漫川关天主教堂

4. 戏曲文化

漫川关地处南北交接，在语言上，就存在两种体系，一种是本地话，一种是下湖话。漫川关以下湖话为主，语言兼得湖北、河南等方言特色。漫川关古镇的戏剧主要有漫川大调和二黄。

（1）漫川大调

漫川大调和漫川关的历史一样悠久，春秋战国时期漫川大调已经形成雏形，到南宋时期，在漫川关一带受到当时文人雅士的喜爱，逐渐发展成一种做诗赋词的即兴演唱，自娱自乐，其发展来迎来了高潮。相传在清代，乾隆皇帝特地诏入一名会漫川大调的女子入宫，向其他宫女传授漫川大调。2011 年被列入省级非物质文化遗产。漫川大调的演唱形式为，一般由文人作诗赋词、即兴表演发展为民间流行曲调。词句讲究合辙押韵，以四字、六字、七字为主，一人主唱，然后同时用筷子敲击碟子，一个人演奏三弦，几个人同时用乐器伴奏。曲调婉转悠扬，集合了陕西秦腔、湖北地方小曲、京韵大鼓等多种元素，一种杂糅的戏曲方式。漫川习俗婚丧嫁娶时为安顿、答谢客人，要雇乐班演唱，有时农作休息时自娱自乐，均演唱漫川大调（见图 1-3-2）。

图 1-3-2 漫川大调

（2）汉调二黄折子戏

二黄也称“山二黄”和“陕二黄”，其唱腔和形式与京剧类似，以西皮和二黄两种声腔为主干，可相互转化，戏曲曲目更是丰富多样，讲究生活化。

汉调二黄主要分布在秦岭以南，大巴山以北的汉江流域地区。因地处南北过渡地带。区域内三秦文化、荆楚文化、巴蜀文化相互交融形成兼具南北中特色的汉水文化，而这种特殊的地理环境，自清乾嘉时期大批湖广川豫移民迁徙入境和地方百姓的创造积累，成为汉调二黄能在此生根、发展并得以世代传承的基本条件。在漫川关，多数人喜欢听戏，其中以老年人为主，听戏是旧时人们最主要的文艺活动，漫川古有“四台同唱”的盛景。然而随着乡村生活世俗化，传统庙会等乡村宗教活动出现沉寂倾向，每年的戏曲演出几乎停止（见图 1-3-3）。

图 1-3-3 汉调二黄折子戏

5. 红色文化

1932 年在漫川关发生了被《红四方面军战史》称之为关系红四方面军生死存亡的一战。当年指挥这场战斗的，就是徐向前元帅，这就是著名的漫川关战役。当年由徐向前、陈昌浩率领红四方面军 2 万多人，准备撤离鄂豫皖根据地，却在漫川关东北一带被国民党的胡宗南、杨虎城的 5 个师 4 万人堵截。国民党想利用碾子坪至云岭的长峡中把我军全部歼灭，并放言说漫川关将是红四军的坟墓。在这攸关生死的紧要关头，红军决定突围，红军找到一条非常隐秘的水沟，说是水沟但实际上却是山洪冲击出来的石沟，狭窄的地方仅仅容纳一个人弯腰通过。凭借着这条通道，红军突破堵截，闯出了漫川关。取得战争胜利之后，徐向前曾在回忆录里写到："漫川关突围，是关系到我军生死存亡的一仗。许世友那个团立了大功，二一九团打得也不错"。可见，这次战役在徐向前元帅心里的分量。1998 年，中共山阳县委、山阳县人民政府于漫川关镇街道村修建"漫川关战斗纪念碑"，以资纪念。

在漫川关战役后，红色文化应运而生，出现以漫川关为题材的战争历史影片《血战漫川关》，围绕漫川关战斗开展的红色文化、爱国主题主义教育日渐多起来（见图 1-3-4、见图 1-3-5）。

图 1-3-4 《血战漫川关》电影

图 1-3-5 漫川关战斗纪念碑

6. 历史名人

民初时期，漫川关出现一位对当地影响颇大的历史名人——陈良均，他是光绪十六年（1890 年）的进士，至二十四年（1898 年）任甘肃权宁知州。陈良均，字筱梧，号厚斋，漫川人。幼丧父，母徐氏以纺织供其读书。在他为官期间，采取地丁减价，屯粮征粟的举措，受到当地老百姓的爱戴，同时创建私塾，广兴教育，积储义仓，创办公益事业；在民国时期，他有带领当地妇女从事丝纺业，利用当地桑柘成荫的优势，使得该地经济收入接连上升；民国初，特委为驻陕三原统捐，死于任所。他的一生还著书立作，《红杏书屋诗集》记录他对生活的感悟，《尺牍批判》记录他为官期间对于对于民间纠纷的处理心得，在他上任时期，每次判案必恳恳晓以大义，老百姓对此深受感动，纠纷案件大量减少。

1.3.2 城镇古迹

1. 街巷

漫川关古镇街巷空间由街道、巷道、建筑组成，在布局上顺应这山势、水势，山水一体，别具特色（见图 1-3-6）。

图 1-3-6 古镇明清街道布局

漫川关古镇的街道，被当地老百姓俗称为“蝎子街”，整个“蝎子街”与靳家河流向相同，由南至北形成，北窄南宽、北高南低的态势，这条纵向的大街以明清建筑为主，大街上有 234 户居民，同时呈折线方向形成上街、中街、下街三部分，呈“之”字形布局，全长 1080 米。“明清街道布局”整个历史街区是文化的载体，特别是街上的建筑有着十分重要的观赏和研究价值。

2. 会馆建筑

漫川关的会馆建筑是作为一般性辅助的商业服务点，相对于现在的会所建筑。是商客为了物资集散以及方便水陆交易的服从性场所。

目前漫川关当地会馆现存三座，马王庙和关帝庙合称为骡帮会馆，在骡帮会馆南北两侧，各有一座明清会馆建筑，北边的叫北会馆，南边的叫武昌会馆，也叫南会馆。

3. 鸳鸯戏楼

鸳鸯戏楼俗称双戏楼，是漫川关明清建筑群标志性古建筑。隶属骡帮会馆，位于骡帮会馆的正对面，鸳鸯戏楼修复前旧貌始建于清光绪十二（1886年）年，是当时居民客商文化娱乐场所。结构严谨精巧，梁柱、额枋上几乎遍饰木雕，藻井呈穹窿状，为歇山式屋顶，重檐翘角，其建筑风格罕见，雄伟壮观。1992 年被陕西省人民政府定为省级重点文物保护单位。是我国目前保存最完整的南北建筑于一体的古戏楼。

4. 商铺建筑

漫川关的商铺建筑在空间处理上"前店后宅式""下店上宅式""前坊后宅式""下坊上宅式"，个别建筑以纯住宅的形式出现。

5. 住宅建筑

漫川关的居住建筑，在当地俗称为"窖子屋""天井院"，建筑特点具有一般居住建筑，隐蔽、私密同时兼顾活动空间的特点。这样的窖子屋，在漫川关古镇上主要集中在主街道的角落和巷道中，根据古代居住环境风水观，宅基地注重背山面水，所有基本的建筑朝向多为坐西朝东（见图 1-3-7、图 1-3-8）。

图 1-3-7 窖子屋

图 1-3-8　庇檐

建筑外立面是在厚实的砖墙上开设木板门，有的木板门上掉成庇檐，同时立面上较少开窗户，这样处理封闭性和安全性较高，建筑内部空间一般有一进到三进不等，二进居多，第一进为灰空间，接下来是采光天井，然后两侧为厢房，建筑后面还配有后院。

1.3.3　民俗风情

1. 习俗

古镇历史悠久，源远流长，在加上本身山西、江淮移民，带来了异地的民俗文化，在与当地传统文化进行融合，形成了古镇特色的地域风俗。

(1) 传统节庆

1) 春节

漫川关的春节习俗，从初一寅时起床，燃放鞭炮，祭祀天地祖先，穿新衣，向长辈拜年，在早餐的时候吃包有硬币的水饺。初二开始，到亲戚家拜年，俗语说“初一不出门，初二拜丈人，初三初四访老邻”。到了初五的时候，开始“破日”“送五穷”，意思是开始送走智穷、学穷、文穷、命穷、交穷的五种穷鬼。

漫川关古镇的春节，除了延续中国传统春节习俗之外，也有当地特有的特色，特别是具有漫川关特色的新春文化庙会。庙会从正月十二开始，延续至正月十五，这已经成为漫川关古镇发展的特色名片。春节庙会将漫川关优秀的民俗融合发展，将秦楚文化整理发掘（见图 1-3-9）。

图 1-3-9 漫川关新年庙会

2）元宵节

漫川关古镇的元宵节灯会、社火、唱大戏、吃元宵。其中最具有地方民俗特色的是“玩灯”，这项特色民俗活动在夜间开始，从正月初六开始。灯也分为花灯与龙灯两种，二十四盏灯，称为“半架灯”，四十八盏灯，称为“满架灯”，而龙灯有十二节、二十四节、三十六节、四十八节四种形式。晚上吃元宵，各村里灯、狮子、龙灯走村串户，尽情热闹。

3）中和节

中和节就是俗称二月二日龙抬头，夜玩龙灯，晚上吃炒包谷，在这天俗称为“憋疙蚤”，同时在房屋周围撒上草木灰，防虫除害。

4）端午节

端午节家家门口插艾草、牛饮雄黄酒、小儿戴香袋。因为深受楚文化的影响，所以非常重视端午节。在节日前几天，大街小巷就开始准备与端午节相关的物品。

5）中元节

七月十五为中元节。在佛教传说中，古代一个叫目连的人，他的母亲坠入了饿鬼道中，食物入口，即化烈火，目连为了救自己的母亲，求助佛祖，佛祖为他讲述盂兰盆经，叫他在七月十五日作盂兰盆以救其母亲。后人将中元视为鬼节，如今的漫川关人中的“下湖人”至今仍保持于此日前焚烧纸钱祭祀祖先的习俗。而“本地人”多在做好饭食而已。

6）中秋节

八月十五中秋节，漫川关的中秋全家阖家团聚，夜间赏月，吃月饼、瓜果，共叙天伦之乐。

7）重阳节

古代人以九为阳数，故而九月九日为重阳。这一天漫川关农家休息半日，午餐必有酒，学校师生常远足秋游，行野炊，吟诵诗文，举行登山比赛。

（2）生活习俗

1）婚姻

漫川关古镇的婚姻大体经历撮合、订婚、结婚等程序，在订婚前，必须经过媒人的撮合。即使是男女双方自己选定的对象，也要有两个介绍人去说合，一完形式、二示审慎。正所谓“天上无云不下雨，地下无媒不成亲”且媒人只能由男方请定，选择双日往女方家，具道求婚意。订婚之礼，男备首饰、衣物及水礼（包括烟酒、糕点、茶叶、挂面等）去女方家，女家届期邀亲友陪同，两亲家围坐一桌，互相熟识，寒暄。在订婚之后，男女双方即公开未婚夫妻关系，并改变以往对对方父母的称呼，未婚夫妻可以自由往来于双方家中，头年春节、端午、中秋等节日，女婿必往岳丈家拜年，并且接未婚妻回家过节。结婚前先到政府登记，领取结婚证，然后商定结婚日期，通告亲友。女家于婚前二日“填箱”，届期亲友馈礼品于女家。备齐嫁妆，选定送亲。娶之日，新郎披红戴花去女家亲迎，岳家招待酒饭，打发嫁妆、新娘出发。

2）生育

产妇生娃之后，立即食用红糖醪糟鸡蛋，以滋补身体，次日请人去娘家报喜，并于房门框上落一个大锁，意防来人把奶带走，如果产妇乳汁突然中断，即被认为奶被人带走，暗示带奶人送饭一碗，据说产妇食后乳汁立下。产后三日晚，产妇与婴儿洗澡，称为“洗三朝”，到第十日，亲友携糖、蛋、挂面、荷饼馍和花布等物与产妇贺喜。满月后，给婴儿理发，产妇抱孩子回娘家住数日，称为“挪窝”，外婆给孩子挂五色钱，意为拴住；给月母子揣盐抱，饼子，让其乳汁更旺。

婴儿出世后即撒尿，被认为是“命硬”，体弱多病则认为是“灾星多”，俗传可以“拜干爸”以解克免祸，在孩子满岁前一天，举行“抓周”仪式。届时全家欢聚，这个时候可以把书本、算盘、剪刀、尺子等物堆放在小孩前面，让其自抓、以卜前途。

3）寿诞

漫川关人在生日这天，晚辈馈赠酒肉、糕点、米面、衣物等以报养育之恩。是日设宴，必推过生者首坐，酒菜颇为丰盛，有特制的寿糕和油炸制品仙桃、麻姑献寿，然后猜拳行令，以图热闹。

4）建房

在漫川关农村盖房，一般于垒庄基，过门顶和苫瓦，设酒款待工匠，亲友近邻多届时帮工送礼，资助木料、烟酒、粮食、蔬菜等实用之物。

1.3.4 民间饮食

1. 日常饮食

漫川关古镇鄂饮食特色与移民文化有密切关系，主要分为喜欢吃“酸”与吃“腌”，本地人喜欢吃“酸”，这与其为山西移民的关系分不开，而下湖人多为江淮地区的移民，喜欢吃“腌”，而不管是酸还是腌，辣是必须要有的味道。而在宴席之上，先吃“压桌碟”即干果、鲜果、凉菜等，再上热菜。

2. 酒席

据《山阳县志》记载，漫川镇民习惯一日三餐。9 点吃早饭，14 点吃午饭，点灯吃晚饭。早饭多吃粗粮，午餐菜肴较丰，晚饭多为杂烩。疏食清淡，以饱为安。

由于杂粮多，人们习惯以豆类和薯类掺饭。如包谷糊汤，则有绿豆糊汤、小豆糊汤、洋芋糊汤、红薯糊汤等十多种。如吃面条，各地做法也不一样，流岭一带喜吃烩面、糊汤面；鹊岭一带喜吃清水面、臊子面；县城附近喜吃油泼面和浆水面。

漫川人喜欢吃腌菜，在调味中偏重酸辣。酸辣饮食与陕南的自然地理环境密切有关。在漫川，几乎家家有腌菜缸、浆水菜盆等腌制菜品的陶器，这里地处山区，雨量大，山区蔬菜较少，山路崎岖，交通不便，购买食品困难，当地水土中所含矿物质较多，为饮食所需及待客之道，常把蔬菜加工成酸菜，以方便保存。

值得一提的是漫川的“八大件”。漫川人好客，每逢宴请，不论红白喜事，均以“八大件”招待。菜名讲究，佐料繁多，做工精细，色香味俱。

“八大件”，主要由 8 道菜肴组成。在客人尚未到齐之前，一般先摆四样干鲜水果、四样凉拌小菜，共 8 个拼盘，中间为凉调三鲜“顶头盘子”，以便为先到的客人闲聊消遣之用。待客人齐聚后，主管知事发表祝酒词，代表东家向客人致谢，并向客人敬第一杯酒，这时厨房端出头道热菜，“八大件”席面才算正式开始。“八大件”分为“四扣碗、四炒盘”。顺序为：“刮刀丸子（扣碗）、肉丝大炒（盘）、豆油卷子（扣碗）、干炸鸡块（盘）、甜醪糟肉（扣碗）、红薯丸子（盘）、红莲蹄子（扣碗）、肉片小炒（盘）”。

当“蹄子汤”扣碗端上席，主管知事即安排能说会道的体面人物说“酒话”，同时，东家分别到每桌席前为客人敬酒，表示诚意（见图 1-3-10）。

图 1-3-10 饮食文化

2 古镇形态

2.1 古镇布局

2.1.1 山水格局

漫川关古镇地处秦岭，山环水绕，地势东高西低，人文景观与自然山水相结合，构成巧妙的“山—水—城”的格局，景色优美，气候宜人。古镇沿河道逐渐发展，形成如今的规模（见图 2-1-1）。

图 2-1-1 古镇山水图

1. 选址

(1) 古镇选址的影响因素

我国古代城镇建设十分看重选址，影响选址的因素是多种多样的，主要的有以下几个方面：

①哲学思想的影响

中国古代城市的选址主要受到几方面思想的影响：第一，儒家思想。儒家思想讲究中轴对称，居中为尊等，它的影响在都城的选址中表现得尤为突出；第二，道家思想。道家思想讲究“天人合一”，顺应自然，与自然环境和谐共生。地方城镇的选址更多的受到道家思想和风水学说的影响。管仲在《管子·乘马篇》中说到：“凡立国都，非于大山之下，必于广川之上。高毋近旱而水用足，低毋近水而沟防省”。他在《管子·度地篇》中又谈到：“圣人之处国者，必于不倾之地，而择地形之肥饶者；乡山左右，经水若泽”。从中可以看出，城市应依山傍水而建，既利于防御，又有水运之便。这与古代地方城镇对自然环境的要求无疑十分契合。

②风水学说的影响

风水学说对古代村镇的选址有着极大的影响。风水学说起源于中国古代的哲学思想，晋朝郭璞所写《葬书》中说：“气乘风则散，界水则止，古人使聚之不散，行之有止，故谓之‘风水’”。它实际上关注的是人与自然的关系问题。风水理论中，基本的基地选址标准是背山面水与负阴抱阳，同时还要考虑景观、朝向、风向、日照、水文、地形地貌、地质等自然地理环境因素来选址，由此最终给出基址的优劣评价及相关设计规划的应对策略，实现古人心中避凶纳福的目标，构建适宜持续居住的自然环境。

在风水学说中常常提到一种理想的风水模式：北面有蜿蜒的群山，南面有远近呼应的低矮小山，左右两侧有护山环抱，重重护卫，中间部分堂局分明，地势宽敞，而且有屈曲流水环抱，形成后有靠山，左右有屏障护卫，前方略显开敞的相对封闭的环境格局（见图 2-1-2）。

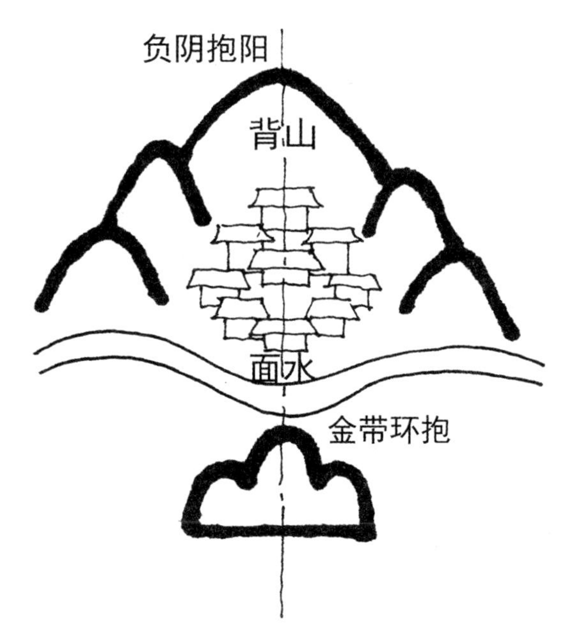

图 2-1-2 理想的风水格局

以上两点都对漫川关古镇的选址产生了重要的影响。

（2）古镇选址的特点

①四面环山，地势险要，是兵家必争之地

《肇域志》山阳县载："重流回贯，四围重关，亦形胜之地也"。古镇地形以山地为主，约占总面积的3/4，介于鹊岭和勋岭之间，处南金钱河中下游。主要山脉为勋岭和鹘岭支脉，区内海拔高度多在300~800米之间。主要地貌景观为丹霞地貌，境内风力、流水侵蚀作用明显。古时入漫川关，必经鹘岭，县志记载："鹘岭，由高八店而南，计六十里，为往漫川丰阳关之正道，高二十里，石蹬盘纡，号为崎险……几人攀栖鹘，朝朝自往还"。从史料中关于鹘岭的记载也可看出其地势的险峻。漫川关易守难攻的地形，成为了兵家要地，历史上被秦楚两国争夺，形成了"秦头楚尾"这一特有的文化现象。

②背山面水，地势平坦，有着理想的风水格局

漫川关古镇的选址在很大程度上与风水中的理想模式相契合：整个古镇背山面水，东靠青龙山，西对峰峦山，远眺太极山，南有落凤坡（俗称南坡）；靳家河从北到南呈环抱之势。古镇从北向南呈狭长带状展开，靳家河对岸的山形成屏障，形成了风水学说中"面屏、环水、枕山"这样一种综合格

局。靳家河流淌过这片相对平坦肥沃的土地，适于居住和耕种，漫川关古镇选址于此，也正是因为这里拥有山水俱佳的自然环境。以传统的风水观而言，此处是山水汇聚，藏风得水之地，是择地而居的上好场所，适合人民安居乐业（见图 2-1-3）。

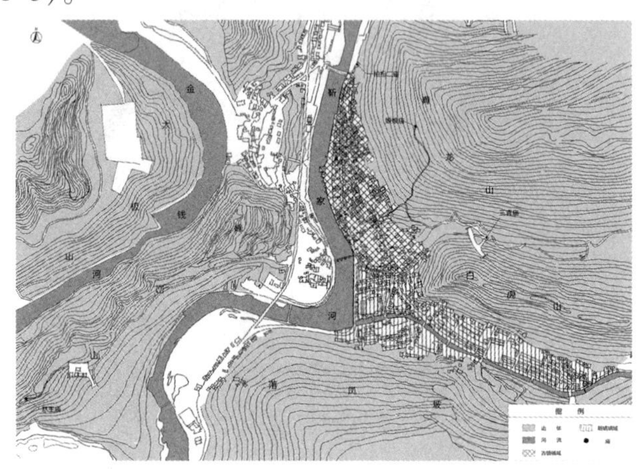

图 2-1-3 古镇山水格局

从现代科学的视角分析，这样的选址也是科学的，是综合自然地理条件选择的结果。局部优越的小气候环境是健康村镇的首选。一般来说，要求背山、面水、向阳、近水。背山，受山地的阻挡，冬季寒冷的气流难以深入；面水，使局地气候更加湿润；向阳，使光照更为充足，便于农作物的生长；近水，有利于人们的生产、生活，尤其是农业的灌溉。如此形成的小气候环境形成良性的生态系统，能够实现人与自然的和谐共生。

③土地肥沃，物产丰富，是农耕文明的理想温床

漫川关古镇处于靳家河河谷地带。靳家河作为金钱河重要的支流，水量丰沛，物产丰富。河水带来的泥沙形成的河谷，地势平坦，土质肥沃，利于作物生长，靠近水源，便于灌溉。这里的自然条件利于农作物生长，除了种植稻子和麦子，还盛产柑橘和茶叶。

周围山上物产丰富，有各种中药材、菌类、坚果等。这种山林、河流、耕地相邻的自然环境，实现了自给自足的生产目标，风调雨顺，水源丰富，生活方便等满足了人们的物质、精神文化以及群居等多种要求（见图 2-1-4）。

图 2-1-4 古镇鸟瞰图

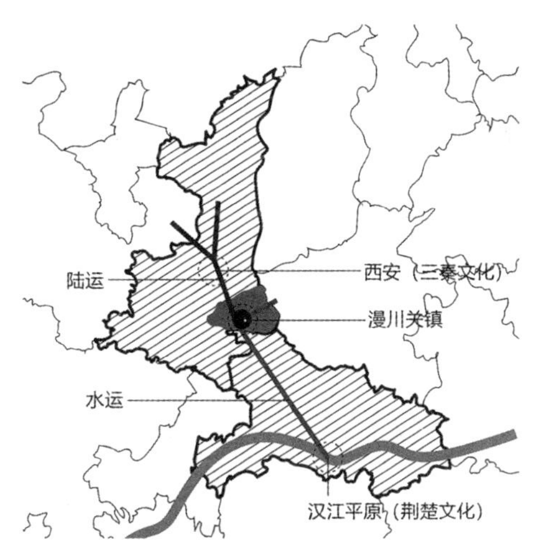

图 2-1-5 水陆运输路线图

④水运便利，交通枢纽，成为重要的商业贸易集散地

漫川关的地理位置特殊，从明清到民国，成为重要的南北水陆运输的交通枢纽。当时古镇有水旱两处码头，经过旱码头北上，走商南道可到关中地区；经过水码头南下，顺靳家河-金钱河-汉江水路可到达江汉平原，成为南北物资的中转站。当时古镇“水码头百艇联樯，旱码头千蹄接踵”，享有“小汉口”之称。后因汽车、火车等其他交通工具的迅速发展，传统的水运交通日渐衰落（见图 2-1-5）。

⑤依山傍水，景色秀丽，空气质量优良

漫川关古镇地处秦岭南麓，自然环境优美，这里山林茂密，空气中负氧离子含量极高，是天然的氧吧，空气质量优良。不远处靳家河与金钱河交汇，形成“太极环流”的特殊景观。夏季温度适宜，是避暑胜地，常有从周边酷热地区前来避暑的游客。

2. 布局

漫川关古镇历史悠久，在明清时期发展迅速，依靠商业发展成为重要的水陆码头和物资集散地。目前镇区分为南北两个部分，北为古镇老区，南为新区，老街又称为明清街，全长 1080 米，形似蝎子，因为自古南北文化在这里交融，所以又称其为“秦街”“楚街”。

古镇的规划布局有如下几个特点。

（1）因山势就水形，道路曲折，呈自由式布局

古镇的布局反映出古代“因天材就地利，城郭不必中规矩，道路不必中准绳”的思想，根据自然地形地貌，因地制宜，安排古镇布局。大体上看，古镇的整体走向主要沿着西面的水系呈带状布局，同时又受到东面山体的制约，主要街道大多平行于河道布置，支路和巷道多垂直于主要街道，街道两侧的建筑则顺应地形的变化，体现了“因地制宜”的思想。街道在古镇北段分为并列的两条主路，到南段分为三条，最后交汇在一处，交汇后再次分开，并顺着山势向东北方向延伸，进入新镇区。

（2）山—水—街道—建筑相互融合

古镇在建设的过程中，巧妙与周围山水环境相结合，山景水体最终与街道、建筑融为一体，浑然天成。建筑大多依山面水，靠近山脚下的建筑，大多不改变山形，而是随着山势起起伏伏，仿佛生长在山上一般。娘娘庙、三官庙和慈王庙更是建于山腰或山顶，随山势建设（见图 2-1-6）。

图 2-1-6　峰峦山上的慈王庙

（3）古镇老街是居民活动的主要场所

秦楚老街是古镇社会经济活动的主要场所，也是居民日常生活的主要休闲空间，白天老街上熙熙攘攘，人头攒动，商业活动频繁，到了傍晚商业活动基本结束，居民们就开始坐在自家门口，或走到邻家串门，保持着最亲密的邻里关系（见图 2-1-7）。

图 2-1-7 老街上的居民

2.1.2 空间形态

1. 古镇空间形态要素

古镇的空间格局由多种要素构成，可以分为自然要素与人工要素，自然要素主要指的是古镇中的山川、水系、气候、土地等。而人工要素主要是指古镇中大量的人工建造物，街道以及街道节点、民居、神邸空间、环境小品与设施等（见图 2-1-8）。

漫川关古镇传统特色构成要素										
自然环境				人文环境				人工环境		
山川	江河	气候	特产	传统节庆	民间工艺	生活习俗	民间文化	会馆	民居	其他建筑
青龙山	靳家河	四季分明	腊肉	新年	缫丝	围炉守岁	花灯	骡帮会馆	莲花第	黄家当铺
黑虎山	金钱河	秋季潮湿多雨	豆豉	人日	织造	招婿	耍社火	武昌馆		娘娘庙
郧岭		年均温13.1℃	晒酱	上元节	打铁	哭丧	花鼓	北会馆		三官庙
鹞岭			五味子	清明节	造纸	民间信仰	山歌	鸳鸯戏楼		慈王庙
			腌菜	端午节	雕刻	抓周	皮影戏			一柏担二庙
				六月六		洗三朝	漫川大调			
				中元节		送灯	汉调二黄			
				中秋节		八大件				
				重阳节						
				腊八						
				小年						

图 2-1-8 古镇构成要素

从点、线、面的空间形态关系上分析，有下面一些特点：

(1) 点状空间

独立的建筑：古镇的建筑种类较多，有会馆、宫庙，也有传统民居。这些建筑大多采用院落式布局，用一个或者两个天井来组织空间，形成良好的虚实相生关系，天井既能满足采光通风的要求，又形成了封闭、围合的内部空间，使住户产生安全感。院落与院落之间有着高高的风火山墙相隔，既起到了良好的防风、防火、防盗的作用，同时也增强了院内居民的私密感和领域感（见图2-1-9）。

图2-1-9 天井空间

(2) 线状空间

街道空间：古镇的老街，依照山形水势，形成“之”字形老街，基本沿南北方向延伸，街道两侧分布着各式各样的商号，形成了生活性线性空间。其余支路、巷道，随着山势，与主街大致呈垂直方向布局，一起形成了古镇的道路网。老街既是古镇交通和商业贸易的活动空间，是居民日常交往的场所，也是集市人流聚散的空间，具有重要的社会联系功能。古镇所形成的线性空间，曲折多变，不拘一格，形成了巧妙的空间形态。

水系空间：漫川关古镇水系发达，紧邻靳家河。发源于秦岭山系的靳家河向西南汇入汉江支流金钱河，水量充沛，是古镇主要的生产和生活用水来源。古镇主要在河的东岸沿河岸展开，河道对古镇的空间形态产生了重要的影响（见图2-1-10）。在古代，这里水运发达，水系曾经是古镇对外的交通命脉，后来因为公路及其他交通方式的发展，水运逐渐衰落。

图 2-1-10 古镇沿河风貌

(3) 面状空间

山体：古镇周围群山环绕，东靠青龙山、白虎山，西有峰峦山隔水相望，南有落凤坡环抱在侧，形成了古镇独特的绿色面状空间（见图 2-1-11）。西面的峰峦山呈东南—西北走向，山顶的慈王庙更是成为古镇面状空间中的标志性建筑物。古镇的发展受到山体的制约，依山就势，形成了带状的城镇发展结构，形成西面沿河，东面就山，逐渐向北及东北方向发展的空间格局。

图 2-1-11 古镇周围山脉

2. 空间演化的特点

古镇的空间演化经历了漫长的过程，看似无序的发展，其实有着内在的控制因素，具有以下几个特点。

（1）渐进演化的结构

从古镇的发展历史不难看出，这里从最初人丁稀少，到大量移民涌入，再到后来演变为水路及陆路交通的枢纽，是逐渐发展壮大的，其街巷的演进过程，是随着古镇规模的不断扩大而发展的，就像植物的生长过程，根→主干→次干→分支→叶，表现出从“点”到“线”再到“面”的发展历程。

（2）沿着水系演化的结构

古镇西边的靳家河决定了古镇沿江街道的布局和走向。首先，古镇在最初相地而居时，必然选在交通便利、用水方便的河边。最初孤立的居民点随着人口的增加开始由点状逐渐汇聚成线状的居民带，此后再继续生长逐渐形成网状体系。

（3）沿着山体演化的结构

古镇东边有青龙山和白虎山，南边有落凤坡，山体的形态走势等因素，决定了古镇道路的走向，从而影响了古镇整个空间形态。古镇的老街呈“之”字形布局，就是受到山形水势的共同影响。后来古镇沿着山势向南和东南方向发展，逐渐形成新的镇区（见图 2-1-12）。

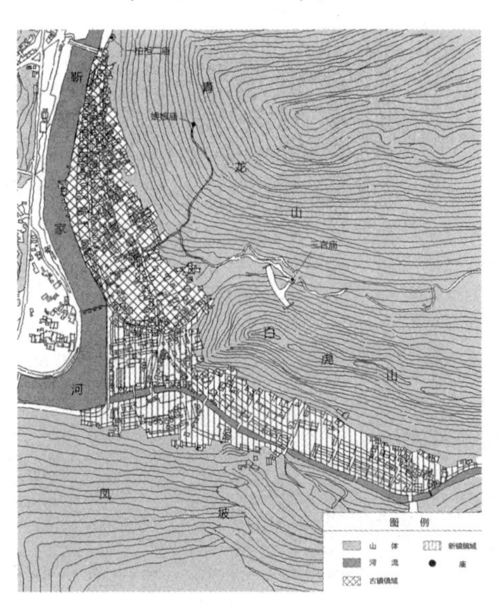

图 2-1-12　山形水势对古镇格局的影响

2.2 城镇肌理

古镇老街又叫明清街，东靠青龙山，西临靳家河，是古镇商业活动的中心地段。街道全长1080米，街面用卵石排列成连续的人字纹（见图2-2-1）。其他的道路系统都是在老街的周围逐渐发展形成的（见图2-2-2）。

图2-2-1 老街街景

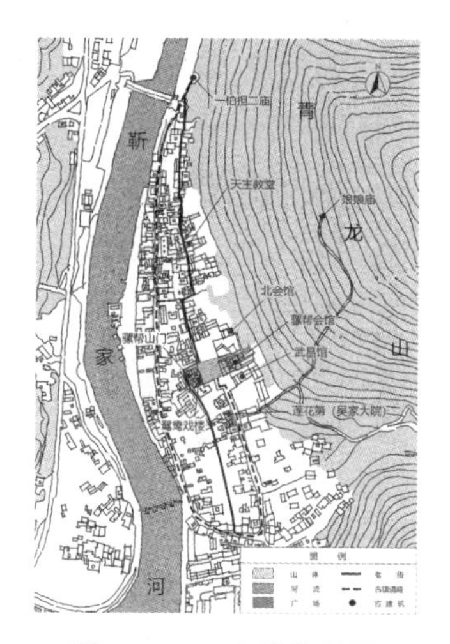

图2-2-2 古镇街巷图

2.2.1 街巷概况

1. 街道

街道是古镇的主要交通干道，是组织市井生活的主要场所，也是古镇空间构成中最主要的因素，整个街道空间体系由街道为主线与各个巷道发生联系。

漫川关古镇的老街是在明清时期形成的，称为明清街，自北向南，基本所有的古建筑都集中在这条街的两侧，形成带状的空间格局。街道北窄南宽，最窄处约 1.50 米，最宽处约 6.10 米。明清街上各种店铺分列街道两旁，自北向南，呈“之”字形，以拐弯为段落，分为上街、中街、下街（见图 2-2-3）。

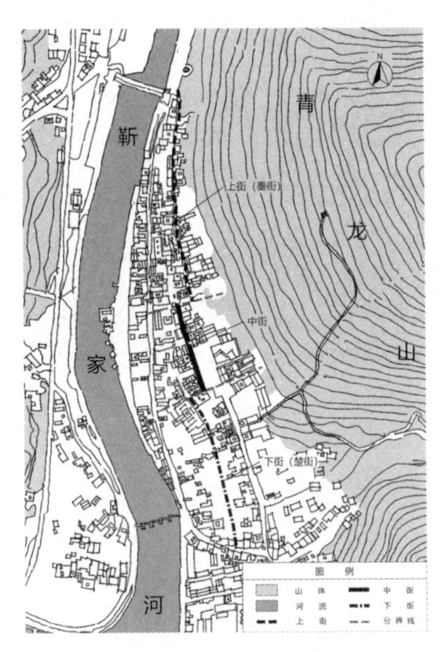

图 2-2-3 古镇老街分布示意图

上街又称为秦街，以小作坊、手工艺为主。以手工艺为主，有打铁的、修表的、剃头的，因而上街街道较窄，房屋简朴实用（见图 2-2-4）。

图 2-2-4　上街街景

中街是古镇的政治中心和交通枢纽。位于“之”字形的中心。这里以商业贸易为主，有会馆、商铺、药铺、骡马店、酒肆、茶馆、客栈等（见图 2-2-5）。

图 2-2-5　中街街景

下街又称为楚街，大多以水旱码头往来搬运为主，这部分分布着整齐的民居，功能比较简单，主要是小商品的经营店铺，解决人们的日常生活问题。街道空间比上街要开阔的多，这样更有利于商业活动的展开（见图 2-2-6）。

图 2-2-6 下街街景

明清街的西侧，发展出两条基本沿靳家河走向的道路，望水街和水磨街，其中紧靠靳家河的水磨街顺着河岸发展，一直连接省道，是车辆进入古镇的交通要道。明清街下街的东侧也有一条后来发展起来的街道，称为会馆街，这条街道一直沿着山势逐渐向东南方向发展，成为连接老镇区和新镇区的重要道路（见图 2-2-7）。

图 2-2-7 会馆街

靳家河是古镇形成发展的原始基准，确定了古镇的空间走向，明清街沿河岸蜿蜒曲折呈“之”字形分布，贯穿整个古镇。街道成为居民日常生活的主线与公共活动场所。居民起居、交往、外出等活动都沿街展开，整个古镇景观也沿这条线形轴线布局。从商业角度看，明清街呈线性分布的空间格局便于购买者与经营者之间相互交流，提高了商业来往的效率。

2. 巷道

古镇的主要巷道众多，宽窄不等，最窄的只有1.7米，最宽的有4.2米。

巷道作为垂直于主街的交通分支，成为联系明清街、临河街和会馆街等街道，以及上青龙山、白虎山的重要途径。巷道是由不同院落两侧的封火山墙形成的，一般都不开窗、不开门，有的巷道入口处有小牌楼，上面写着巷道的名称。

2.2.2 街巷的形态构成

街巷是古镇的构架和支撑，对整体空间形态起着决定性作用，它表现出城镇发展与自然地形相结合的特点，街道的布局、尺度、以及走向等平面要素，都是在与自然地形和环境条件，相互作用和相互影响下，再结合居民生产生活的客观需求而形成的。街道大多由古镇民居建筑围合而成，是一种建筑空间模式和生活行为模式的综合体，担负着居住、交通、文化、经济、交流等多重功能，既是物质生活的载体又是人们心理交流和社会交往的空间。

1. 平面形态构成

街巷体现了城镇构成、发展与自然地形相结合的特点，街道的布局、尺度、走向等平面要素，是结合地形与环境条件，再根据人的客观生活需要而逐步形成的。

(1) 平面形态的影响因素

一般来说，街巷平面形态构成的影响因素有地形地貌、江河水系、自然通风、风向、街道功能、建筑等。

①地形地貌和水系分布

地形地貌和水系分布是影响漫川关古镇街巷平面形态的主要因素。不规则的地形地貌决定了古镇采用自由式路网，水系分布则决定了主要街道的走向。古镇的东、南两面都有山，西面有靳家河，其主要街道是沿着山水之间形成的相对平坦的河谷地带大致呈南北向发展起来的。最西边的水磨街沿着靳家河向南发展，并随着河道的变化而转向西边。最东边的会馆街由于受到山势的影响，逐渐从南向东南方向偏移。而位于古镇中部、处于地势相对平坦地段的街道，基本上仍沿南北方向发展。在几条基本平行发展的主街之间，有一些狭窄的巷道相连接，方便通行，基本都是沿东西方向布局，与主街呈垂直状态分布。

②物理环境

街巷的整体走向与古镇的风向、日照相适应。因此，其主要街道沿河布局，巷道大多垂直于靳家河，有利于引导河风进入古镇，改善微环境。

③使用功能

古镇的街道主要以商业功能为主，商业要求顺畅。因此，古镇的街道之间联系方便，四通八达。

④建筑布局

街道的平面形态还与建筑布局有着密切的关系。古镇所在的河谷，由于夹于山水之间，用地呈南北狭长形，街道两侧的建筑垂直街道呈带状分布，整个街区的形态是完整和连续的。

（2）平面形态分类

古镇街巷曲折多变，形成不同的空间节点，其平面形态大致分为两类：

①转折

街巷改变方向，建筑布局往往也会随之产生变化，从而使街景立面也产生了丰富的变化（见图 2-2-8）。

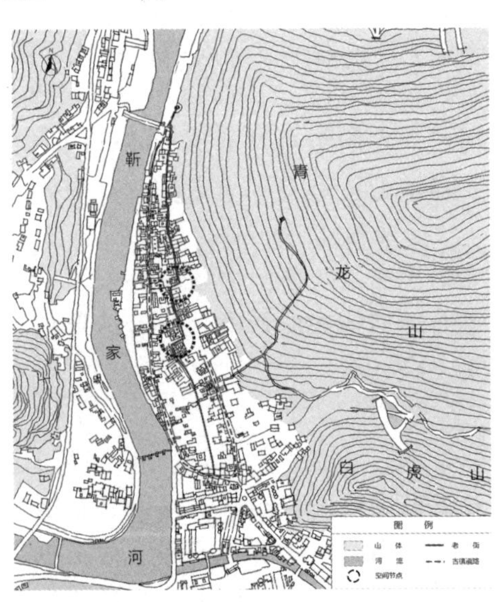

图 2-2-8　古镇老街转折节点位置示意图

古镇的老街有两处转折，第一处位于上街和中街交接处，由于这个转折，产生了部分面向北的建筑，成为中街从南向北看的对景（见图 2-2-9），在转折处空间变大，也丰富了街景（见图 2-2-10）。

图 2-2-9 从中街看转折处

图 2-2-10 从转折处看中街

第二处转折在中街和下街的交接处，这个转折处北面为黄家药铺的侧面，南面为鸳鸯双戏楼的侧面（见图 2-2-11），两组建筑的侧立面共同成为转折处的围合界面，形成美丽的街景和天际线。

鸳鸯双戏楼

黄家药铺

图 2-2-11 第二转折处

②交叉

古镇的街道，除了并行的几条主街外，还有许多支巷插入，形成鱼骨状的街巷体系。这些巷道起着交通、防火、划分街区等功能，并形成了多个空间节点，产生丰富的空间序列（见图 2-2-12）。第一处交叉，位于古镇的最北端，从古镇北端行来，西侧是靳家河上的第一道廊桥，迎面看到的是建筑的山墙，墙上挂有古镇简介，向东一转，就会进入秦街；第二交叉处，位于小巷和水磨街的交接处，小巷狭窄，挂满油纸伞，华灯初上，另有一番情趣（见图 2-2-13）；第三交叉处，位于古镇南端，形成三叉路口，路中有植物环绕，形成多变的街景（见图 2-2-14）。

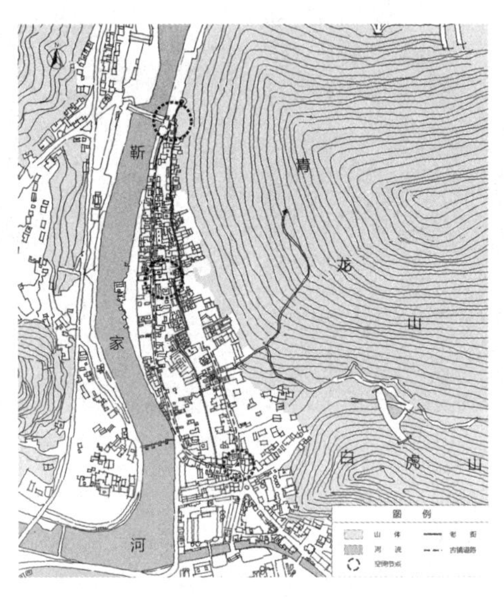

图 2-2-12 古镇老街交叉节点位置示意图

图 2-2-13 第二交叉点

图 2-2-14 第三交叉点

这些节点空间既是大小线性空间的交汇点，也是老街节奏的变幻点。

2. 空间形态构成

(1) 街巷与山地环境的关系

位于山间的古镇，通常会用坡道或踏步两种方式处理街道与山体的地势高差，地势高差不大的地方基本上采用坡道，踏步则用在比较陡峭的坡地上。正因为这两种联系方式的存在，使得城镇街巷体系从平面空间变为多维立体空间，呈现出山地街巷丰富的空间形态。

古镇由于东面青龙山和白虎山的影响，地势西低东高，大致呈南北向分布的主要街道两侧的房屋，朝西的建筑入口明显比朝东的要高；东西方向的巷道，连接的两条街道之间有较大的高差，这高差多用踏步来实现，这些都是顺应自然地形的做法。

古镇以大山为背景。在重峦叠嶂衬托下，更显出层次与建筑立体的轮廓，房屋与四周自然环境之间的距离与深度感获得提升。站在青龙山上俯瞰，屋顶和风火墙相互交错，这让街巷空间布局形成了丰富又充满趣味性的变化(见图 2-2-15)。

图 2-2-15 从青龙山上俯瞰古镇

（2）街巷与建筑空间的关系

对于建筑而言，有内部空间和外部空间之分，从某种意义上说，建筑不过是内外空间的分界。对于古镇而言，建筑的外部空间就是街道空间。人们在建筑的外部空间——街道上聊天下棋、做活纳凉，是对住宅内部秩序的一种延伸，这样一来，街道不再是单纯的交通空间，它成为邻里之间交往的地方，忙碌过后的人们在此相聚，孩子们也在这里玩耍嬉戏，如此形成的街道空间，更富有人情味儿。

芦原义信在研究街道空间时认为，建筑邻幢的间距（D）与两侧建筑物的高度（H）的比例（D/H）对人的心理及城市景观都有重要意义。以 $D/H=1$ 为界限，在 $D/H<1$ 的空间和 $D/H>1$ 的空间中，它是空间质的转折点。换句话说，随着 D/H 值的增大，既成远离之感；随着 D/H 值的减小，则成近迫之感。当街道的宽度与两侧建筑高度的比值 $D/H=1$ 时，建筑高度与间距之间保持某种均衡状态，一般可以看清实体的细部，人有一种内聚、安全又不至于压抑的感觉；当 $D/H<1$ 时，两幢建筑开始相互干涉，再靠近就会产生一种封闭恐怖现象；当 $D/H=2$ 时，两幢建筑之间形成的空间就十分的匀称而稳定，达到空间平衡，是最紧凑最舒适的距离；当 $D/H>2$ 时，则感觉建筑开始过于分离；当达到 $D/H>4$ 时，相互间的影响薄弱。

街道的构成形态与建筑空间的关系密不可分，街道随地形的坡度变化而起伏，使街巷空间产生相互错落的变化，特别是山地的街巷，由于山地建筑的灵活性和建筑外部空间的自由性，体现出街巷与建筑相互依存、相互作用的构成关系。

古镇老街区的主街明清街上，两侧铺面组合成明确的空间界定，突出的边界特征，具有明显的领域感。秦街的街道较窄，临街建筑檐口的高度 H 为4~5米，街道宽度 D 约为4.0~4.5米，秦街 $D/H \leq 1$，从一侧建筑看另一侧建筑，视角约为45度，看不到建筑的屋顶，能看清檐下的细部特征；楚街的街道稍宽，临街建筑檐口的高度 H 为5米，街道宽度 D 约为5.5米，因此主街的 $D/H=1.1$，这种比例关系能给人以亲切、匀称的感觉。

临街店铺垂直于街道沿纵深布局，入口处有高出地面的台阶，顶上有出挑的屋檐。街道两侧散设着小摊，自家宅前有搭设的小棚子，店面大多是开敞的。这样的空间布局显现出空间的不确定性和流动性，也就是建筑中的灰空间。由台阶、屋檐和房屋正立面形成一个三面围合而对街道开敞的门前凹廊空间，也是室内外相互交织渗透的灰空间。大部分的临街店铺多设活动的木板门，可灵活拆卸，街道和店铺空间只有门槛相隔，并无明确的区分界限，店内界外相互渗透，形成你中有我，我中有你的流通空间，既方便了顾客，又扩大了空间的视觉效果。街道横断面在此构成明显的三级空间形态：街道构成的公共空间，沿街店铺构成的过渡空间，建筑内部宅院的私密空间，形成清晰的动静分区和从公共到私密的空间序列（见图2-2-16）。

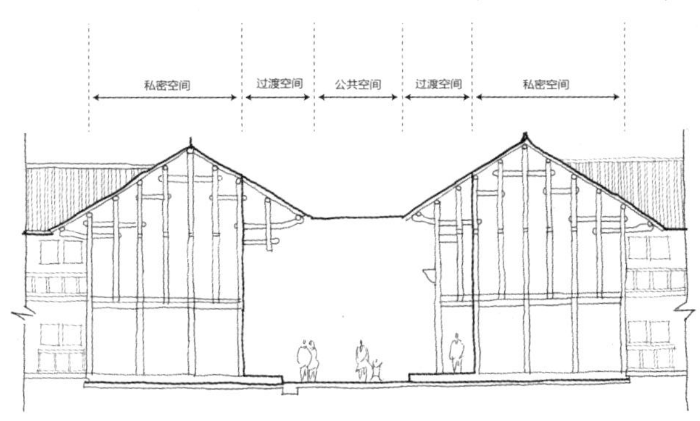

图2-2-16 街道剖面示意图

独特的街巷立面景观：弯弯翘起的屋檐、高高耸立的封火山墙、古朴的核桃木门板、雕花的木格窗、刻着活泼动物的柱础、一眼看不透的天井院落（见图2-2-17），在莽莽大山的掩映下，蜿蜒曲折的街道使街景也有着“步移景异”的立面美。

图 2-2-17　庭院深深

优美的天际线：高低错落的屋顶随着一天中光影的变换，充满无穷的立体美，很好的诠释了中国古建独有的“第五立面”。四季的更替中，大山丰富的变幻更是古镇最美的背景（见图 2-2-18）。

图 2-2-18　高低错落的屋顶

古镇街道上的建筑，就像人嘴里的牙齿，形成连续而规律的排列，如果拔掉一颗而镶上不相称的金牙，就会显得不协调。因此，无论是保持老建筑的基本风貌，还是要求新建筑的风格协调，都是必不可少的。

(3) 街巷与水系的关系

古镇的西面紧邻靳家河，因此靳家河的走向决定了古镇主要街道的走向，两者大致保持平行状态；而小巷则受到主街和水系的共同影响，大多垂直于河流，分布不均衡。

隔水观望古镇，视野开阔，建筑的水中倒影与波光水纹融为一体，形成独特的视觉景观；通过借景把构图中心拉向建筑群前部，纵然远眺群山，视线依然会有所屏蔽，但更显深度广远与层次丰富；河流在一定程度上隔离了古镇内外，空间围合感加强，古镇的某种独立性也就此产生了（见图 2-2-19）。

图 2-2-19　隔水观望古镇美景

3. 街巷技术构成

(1) 通风

古镇属于亚热带气候区，夏季较热，湿度较大，通风有利于带走湿热空气，十分重要。古镇沿河布局，夏季，白天太阳的照射，加快了江面上空气对流的速度，在中午、傍晚易形成江风。临河街及明清街的巷道多垂直于河岸，这样凉爽的河风自然会进入老街（见图 2-2-20）。

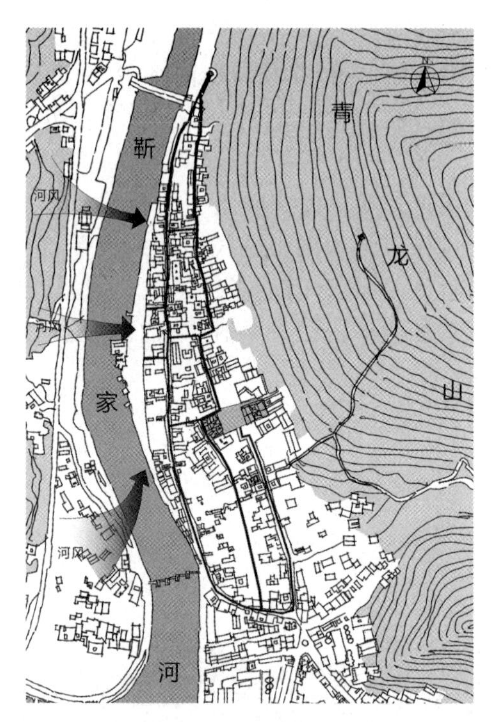

图 2-2-20 古镇的自然通风

古镇明清街呈“之”字形布局，蜿蜒曲折，大致呈南北走向，丰富的街巷形态产生了不同的这样方式：

①利用街道转折弯曲形成的阴影区，达到这样的效果，明清街上、中、下街转折处大致是东西向的，会形成大面积的阴影，以这种遮阳效果为主；

②街道两侧的房屋出檐较大，加强了遮阳的效果（见图 2-2-21）；

图 2-2-21　出挑较大的屋檐

③有一些沿街建筑将二层悬挑出去，在一层形成柱廊，也会形成较为凉爽的空间（见图 2-2-22）。

图 2-2-22　檐下的柱廊

（2）排水

古镇的老街上，原有开敞的水槽，引河水而过，也可起到排水作用，后来用石板覆盖。同时，街道排水系统与两侧建筑排水设施结合在一起，通过住宅院落天井下的排水支管与主沟直接相连。古镇的整体地势是东高西低，北高南低，靠近东面的宅院中的雨水汇入天井后，就会从天井排入老街上的排水沟，再一起向南排进河中，西侧的宅院靠近靳家河，排水管布置在临河一侧，减少了过街次数。

（3）防火和消防

①封火山墙

古镇的传统建筑均采用木构架作为承重体系，木材最怕的就是火，再加上由于商业的繁荣，家家户户的建筑均是沿着街巷紧密布置在一起，一旦发生火灾，后果不堪设想。因此，古镇的建筑在院落和院落之间均采用土坯墙或砖墙承重，同时让山墙高出屋面，做成封火山墙的形式，这样就可以在火灾发生时阻止火势蔓延（见图2-2-23）。

图2-2-23 高耸的封火山墙

②太平池

除了封火山墙，古镇居民还会在自家天井院里砌筑太平池，雨水就可以汇聚在这里，相当于现在的消防水池。也有的人家在天井中放置一个大水缸来替代太平池，平时还可在其中养莲花或者金鱼，平添了一缕生活的情趣（见图2-2-24）。

图 2-2-24　天井中放置的水缸

③绿化

古镇周边群山环绕，山上绿树丛生，因此，镇内的绿化较少，而用外围的自然绿地形成补充。主要是通过外围的自然绿地进行补充。古镇居民会给自己的住宅做一些小规模的绿化，在房前屋后，或者是内部的天井院内，常有花卉植物作为绿化，但未形成连贯的绿化空间（见图 2-2-25）。在一些公共建筑门前，或者街巷的转折处也偶有植物作为绿化布局（见图 2-2-26）。

图 2-2-25　建筑廊柱上的绿化

图 2-2-26　古镇中的绿化

2.2.3　街巷的功能

古镇街道两侧的建筑大多采用前店后宅的形式，因此古镇的街道同时具有了交通、商业、生产、生活等多种功能，形成了综合的多种功能的街道空间。街道的断面分为 3 个部分，中间是行人行走的交通空间，两侧挑檐下或柱廊下是古镇居民进行手工生产、商品交换和日常生活的复合空间。街道功能的混合性蕴含着人们行为的多样性，为街道空间带来了趣味性和活力。

1. 交通联系功能

古镇自兴起以来，商业贸易就是其最根本的活动。伴随着繁荣的商业，街道逐渐发展起来。丰富多彩的经济活动将简陋的场所营造出热闹的场景。明清街宽 4~5 米，支巷宽 0.8~1.3 米这种小尺度的街道空间限制了机动车流大量进入，街道并不负载过多的交通压力。步行或用手推车运载货物是老街上的主要交通方式。

2. 商业活动功能

商贸功能是老街所承担的另一个重要使命：它既是货物输入输出的通道，又是商品交换的场所。民国及民国以前，因码头位置处于老街东侧，所以东侧较为繁华；解放以后因水运衰落，商贸重心则往街西偏移。古镇因街成市，街道就是主要的商业空间。古镇街道两旁有着各式各样的店铺、钱庄、药铺、客栈等商业设施，还有以农副产品为原材料的手工加工作作坊，比如面坊、油坊以及贴剂等，从而形成集中的店铺区。古镇现存大多数沿街建筑中，有超过半数以上的建筑都是店铺式住宅，它们都曾是各式各样的杂货铺、药店、餐馆、当铺、手工作坊等，足见当时沿街店铺林立的繁荣景象。

随着水运的萎缩和公路交通的不断发展，古镇失去其商业上的地域优势，街道的商业功能随之慢慢衰败。店铺式住宅也基本转变为纯粹居住的住宅，现在除了个别经营的杂货铺、铁匠铺、豆腐作坊，还有几家颇具规模的麻花作坊，其中有批量生产也有家庭作坊。除了固定的店铺外，在街道两旁也存在着临时摊点。经营者随特定集市的变化轮流活动于几个村镇之间，逢集时都沿街定点摆设摊点售卖，形成比较集中的商业活动区。

3. 交往联系功能

美国社会学建筑师克里斯托弗·亚历山大说："城市是包容生活的容器，能为其内复杂交错的生活服务"。城市公共空间是城市生活的精华和本质，是具有蓬勃个性的生长空间，满足人与自然、人与社会的交流的高层次需求。城市公共空间包括广场空间和街道空间。对中国传统城镇而言，公共空间常常就是街道空间，是人们日常生活的场所。

现代城市规划较多的采用直线的道路，这种直线道路不利于人们的停留和交往。而老街作为传统的街巷空间由于其地势变换而多曲折且多节点，街道宽度也不断的出现细微变化，这种空间形态适合人们停留并成为人们的交往空间，使街巷生活极具人情味。街道作为一种开放的外部空间，成为人们交往的生活场所。人们三三两两坐在自家门口或在街道上就可以与路人相互交流。即使坐在屋内，其面向街道的大门通常也是敞开的，它们与街道空间是相互渗透的关系（见图 2-2-27）。正如 N·舒尔茨在《场所精神》一书中所说"街道并未与房子分离，而是与房子结合在一起；同时，当你在外部时却令你有一种置身内部的感受"。

图 2-2-27　人们在街上交流

2.2.4　开放空间

开放空间，是建筑群结构的核心，也是人流的重要集散地。古镇的开放空间并不像城市中那样功能清晰、界限分明，常是含蓄的，与建筑、交通的功能相互演化，多种功能空间相互联系，构成了古镇的空间体系。

漫川关古镇的开放空间从形态上可以分为点状的场地和线装的岸线两种。

1. 点状开放空间——场地

古镇的场地，大多位于会馆前的空地上，与建筑群的入口紧密相连。形状大多不规则，例如北会馆入口前，有一平台，台上有棵枝繁叶茂的古树，树下有石桌石凳，可供人们谈天休憩（见图 2-2-28）。

图 2-2-28　北会馆前的场地

古镇最大的场地，是骡帮会馆和武昌馆前的广场，这里原来有部分是骡帮会馆内戏楼前的大院落以及北会馆前的空地，后来围墙被拆除，形成了一个大广场，虽破坏了会馆的建筑格局，但也给古镇居民提供了一个聚会、活动的场所，每到节庆活动，就会在广场西侧的戏楼唱戏，广场上聚满了听戏的群众，平时到了傍晚以后，人们结束了一天的辛勤工作学习，这里成了人们锻炼身体、聊天乘凉的最佳场所（见图 2-2-29）。

图 2-2-29 晚上的广场

2. 线性开放空间——岸线

（1）岸线的构成特点

古镇的西侧紧邻靳家河，岸线是确定城市外部邢台的重要因素，已成为古镇密不可分的一部分。靳家河自北向南流淌，到落凤坡受到山势影响，转向西面，接着继续向南直至汇入金钱河。靠近古镇的岸线大致呈南北向并略有弧度，受岸线形态的影响，沿河城镇布局也是略有弧度的布局。明清时期，靳家河也曾数次泛滥，严重的时候也对古镇造成了一定程度的破坏。因此，靠近岸线的建筑大多用石头砌筑基础以及墙体的下部，以减小水患对建筑的破坏。后来对河道进行了治理，修筑水库堤坝，一劳永逸。

（2）岸线的主要功能

漫川关古镇临水而建，明清时期因水运而盛极一时。城镇的内部用水及外部运输都是依靠靳家河来实现，靳家河承担了多方面的功能，主要包括以下几个方面。

①交通功能

岸线是城镇码头和堆场集中的地方，也是镇区与外部客货运输以及水陆交通的转换点。正是由于大部分的物资交换在岸线上实现，决定了岸线对于城镇构成形态和运营状态的重要性。

后来，随着公路交通的迅速发展，水运已退出历史舞台，目前古镇在岸线上修筑游船码头，供人们追忆当年的水运盛况。

②生产功能

靳家河发源自秦岭山腹地，水质较好，是重要的供水渠道。另外，这里水流缓慢，适宜进行网箱养殖，广阔的水域给当地渔民提供了捕鱼捞虾的丰富资源。

③休闲娱乐功能

岸线是古镇居民各种娱乐活动的场所，如游泳、纳凉、垂钓、观景等等。目前，岸线成为古镇一条重要的风景线（见图 2-2-30）。古镇居民在这里设置了游船码头，供来古镇游览的人们乘坐，游览河上风光。

图 2-2-30 沿河景观

④排污与防洪功能

岸线承担着古镇排污与防洪的功能。镇区绝大部分的排水管线集中于岸线，雨水、污水顺地形排到岸线边的排水沟中，然后汇集到河中。目前，在靳家河上修筑了拦河堤坝，当出现洪水时，可防止洪水泛滥，淹没古镇的建筑。

2.3 环境景观

2.3.1 景观构成元素

位于山水之间的古镇，大都为人们提供了良好的视觉享受。山水形成的自然景观和古镇自身的人工景观经常形成变化与统一、对比与和谐、人工与自然、动与静等多种形式美的特征，这些特征都是依靠自然景观元素和人工景观元素来支撑的，两者相辅相成，使得古镇具有别于其它景观的特点和可识别性。

1. 自然景观元素

自然景观元素，主要是古镇街巷所处地域的小范围地形、地貌、植被、水体等限制并影响城镇形态发展演进的天然生成的元素。人们在漫长的古镇建设与完善过程中不断地适应这些自然元素，并且在适应的基础上巧妙地把这些自然景观元素纳入到古镇街巷空间的景观构成中去。

2. 人工景观元素

以天然环境这个背景为底衬，古镇中通过人力设计、制造的人工景观也称为人文景观。具体地说，街巷中的店面、招牌、桥梁、门楼、碑亭、建筑等都是重要的景观元素，它们是反映当地文化特点的物质要素。这些属于人文景观的静态元素，而古镇中居民的日常生活、生产劳动等构成了人文景观的动态元素。正是这些动态的元素使街巷产生了活力与生机，古镇的商业街可以说是人们日常行为活动最为频繁的场所，包含了观赏、娱乐、饮食、交往、交通等诸多日常行为方式。古镇街巷的宜人之处，就在于营造出丰富而又和谐、独特的天然景观与人工景观的同时，与城镇相适应的商业活动结合起來，把人与人的日常交流自然融入到街巷景观之中。

2.3.2 景观总体格局

在中国传统的聚落选址中，山、水与聚落之间存在着一种阴阳和谐的共生关系，因此，常常是山川包围着聚落，聚落中又有流水、农田、山林等穿插其中，暗含阴阳平衡的思想。从高处眺望，古镇依山而建，高低错落，小桥流水，阡陌纵横，再配上蓝天白云，形成一种独特的由“山—水—城”共同形成的田园风光（见图 2-3-1）。

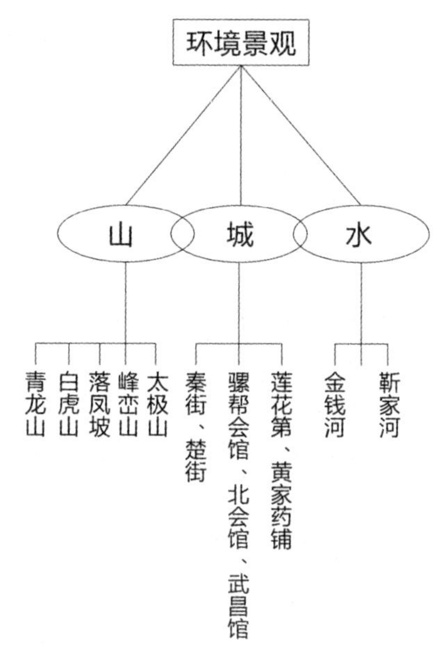

图 2-3-1 漫川关古镇环境景观结构图

古镇的景观总体格局具有以下特点：

1. 古镇的老街与青山绿水融为一体，随着“之”字形街道行进，步移景异。

2. 老街上古老的店铺、斑驳的台阶，再加上那手工制作的米酒和腊肉，人们在这里日出而作日落而息，这里的生活景象，形成一道温馨质朴的人文景观（见图 2-3-2）。

图 2-3-2 古镇街景

3. 古镇千百年来延续下来的风俗民情，手工艺品等共同构成了古镇浓郁的民俗景观，例如大街小巷上贩售的腊肉、豆腐干、手工编织等，古朴自然；但也有一些自然古朴的风貌被个别现代的、不协调的建筑所破坏。

2.3.3 山景

1. 山体形态与分布

漫川关古镇位于群山环抱之中，东面背靠青龙山和白虎山，西面正对峰峦山，南面有落凤坡，山上植物形态多种多样，植被茂密，苍翠欲滴。青龙山和白虎山紧邻镇区，青龙山山体宏伟，山体坡度平缓而绵延，山脊分明，一些民居蔓延至山脚下，自由布局，朝向各异，形成丰富的景观层次（见图 2-3-3）。白虎山与青龙山紧挨在一起，体量较小，山峰高耸（见图 2-3-4）。两座上体量不同、山峰高度不同，相叠在一起，形成丰富的景观层次，共同构成了古镇的总体背景与轮廓线。

图 2-3-3 青龙山

图 2-3-4 白虎山

2. 山体景观的构成特点

古镇的形态，充分结合了青龙山的地形条件，在自然中慢慢成长，随地形变化而变化。古镇沿着山体的坡度在高度上产生变化，形成高低错落的城镇空间。同时，古镇在平面上也沿着山势发展，形成曲折变化的街道空间，这些都为古镇自身的景观效果产生了影响。尤其是平面上的影响，形成老街步移景异的景观效果。

古镇沿着青龙山一直向南延伸，山体成为近距离的背景，建筑与山体相互影响、相互作用：一方面，深色的建筑在绿色的山脉陪衬下，愈发显得古拙质朴，充满历史的沧桑；另一方面，在古镇中漫步，绵延起伏的山体会不时出现在视线内，成为最佳的天然背景，层次的变化与轮廓线的趣味，对镇区的建筑有着极佳的衬托效果（见图2-3-5）。另一方面，青龙山紧邻古镇，登上青龙山，也可俯瞰古镇全貌，成为最佳的古镇景观欣赏点（见图2-3-6）。

图2-3-5 山体衬托下的古镇建筑

图2-3-6 俯瞰古镇

2.3.4 水景

古镇西面有靳家河流过，河面较宽，流速较慢，阳光照射下，波光粼粼，景色如画，再搭配河岸旁天然的芦苇等水草，形成一种天然野趣（见图 2-3-7）。

图 2-3-7 滨河景观

沿河地带，进行了改造设计，河的东西两岸设计了各式各样的滨水景观节点，形成带状景观长廊，有两座桥连通东西两岸。到了夏季，从傍晚开始，这里就成为人们散步、聊天、乘凉的最佳场所（见图 2-3-8），偶尔蛙声蝉鸣，更显宁静祥和的田园韵味。

图 2-3-8 人们在河滨游玩

2.3.4 城镇景观

与处在平坦地势上的古镇相比，漫川关古镇街巷景观最明显的特征在于其处于山地之中，赋予了古镇街巷空间多维的景观。富有韵律的建筑组群、蜿蜒的河流以及高低起伏的山体分别构成了古镇街巷的近景、中景、远景，形成多层次的空间，给人们带来独特而丰富的心理感受。由于处在山地之中的特殊性，人们获得了广阔的视野和多变的视角的可能性。在不同的视点与视线方向，有不同的街巷景观特征（见图 2-3-9）。街巷景观层次丰富、灵活多变，随人们视角不同而产生不同的街巷空间景观感受，这在处于平原上的古镇是难以体会的。

图 2-3-9 山水环境中的街巷

1. 城镇的空间节点

古镇老街呈“之”字形延伸，形成多个空间节点，街巷的交汇处、建筑群的大门前、进山的巷口等等，这些地方更容易结合建筑形成供人们停留、交往的空间。

2. 城镇的路径

古镇的路网结构是由几条基本并行的主街再加上若干巷道组成的。主街大致沿南北方向发展，蜿蜒曲折，巷道大多垂直于主街。街道的路面都有不同的处理，有的铺着大小不一、色彩斑斓的鹅卵石、有的雕刻着民俗谚语，形成一道独特的景观（见图 2-3-10）。

图 2-3-10 鹅卵石铺砌的路面

3. 街道美学

(1) 街巷与外部自然环境的结合——自然之美

古镇位于山水之间，自然的山水格局成为古镇之外重要的景观因素。古镇中街巷在水平方向和垂直方向都巧妙地与山水环境融为一体。街道随着自然地形的变化曲折迂回，高差多采用坡道来连接，形成多变的街道景观。古镇中的街道，有的一面是山，一面是建筑，这样的街巷多顺应自然地形变化，曲折多变，形成独特的山地建筑景观；也有的一面是建筑，另一面临水，视野开阔，夏日傍晚，夕阳西下，河风拂面，带来阵阵凉意，呈现出温馨的自然之美。

(2) 街道两侧建筑艺术高度一致——和谐之美

在格式塔心理学（Gestalt Psychology）中有一幅埃德加·鲁宾（Edgar Rubin）著名的“杯图”（见图 2-3-11）。当我们将注意力放在中间的杯子上时，两侧白色的部分就成为非图形的空间，而当我们将白色的部分看成是两个相对的人的侧脸时，黑色的杯子部分就成为非图形的空间。当我们将杯子当成图形时，白色的部分就成为背景；当我们将人脸当成图形时，黑色的部分就成为背景。相同的道理，古镇的街道由连续排列的建筑形成，街道和建筑的关系，具有这种轮廓清晰的“图形”的性格。当你将一座建筑作为欣赏的主体时，街道就成为了背景而存在，当你将街道作为主角来欣赏时，建筑就自然而然地成为了背景。在这种情况下，街巷景观的优劣，主要就是由建筑的外观决定的。

图 2-3-11 杯图

根据龟卦川淑郎在《街道空间的视觉构造》一文中的论述，实际上建筑的外观有“两道轮廓线”，第一道轮廓线是指建筑本来外观的形态，包括外墙、门窗、屋顶以及装饰等；第二道轮廓线则是指建筑外墙的凸出物和临时附加物所构成的形态，包括各式招牌、宣传海报、遮阳篷等。第二道轮廓线在一定程度上遮蔽了第一道轮廓线，从而改变了街道的景观。

古镇的建设通常没有统一的规划标准，而是自发建造的个人行为，这就使得古镇建设的过程中从建筑单体到街巷空间所展现出来的多样性是必然结果，但与此同时，其中的建筑表现出在艺术上的高统一。由于受到地域文化的影响，古镇有共同地域气候特点、共同地域所能收集到建筑材料以及共同地域口头传承的习惯构建方法。这些因素将丰富的多样性的表现统一成和谐的古镇街巷景观，这种统一性具体是通过以下几方面体现的：

首先，古镇老街区两侧建筑立面构件大部分都是木质的铺板门，其色彩统一，独具特色。

其次，相近的外观是由统一的结构体系来支撑的，为争取最大的营业面积、形成通透的连续空间而采用了抬梁式木构架是古镇的特色。

最后，古镇街巷充满韵律节奏的美。在形式美原则中，韵律是物体的各组成要素构成统一重复的一种表现，这些重复赋予街巷空间紧凑感和趣味性。古镇的韵律节奏主要是通过建筑语汇以及尺度的重复来实现的。相同的街面铺设、屋顶形式、立面做法、山墙形式等在一定街道范围内反复出现，形成强烈的形式美的韵律感（见图 2-3-12）。尺度的重复同样产生韵律。古镇传统建筑在建设过程中，具有相同尺度的构件在街巷空间中重复出现也产生出韵律效果，包括台阶的高宽、檐柱的间距、房屋的开间、檐口的高度等。

图 2-3-12　封火山墙形成的韵律美

（3）街巷历史文化的积淀——文化之美

老街已有数百年的历史，自建成后每每遭遇天灾人祸，那已经明显倾斜的老屋、斑驳的土坯墙、火灾之后的残垣断壁，都是老街历史的最好见证，虽已残缺，但表现出历史的积淀。

随着城市化进程的推进，古镇也难免被波及。众多的青壮年外出打工或迁入新街居住，部分现代化材料建造的房屋也在老街周围不断出现，这也是历史发展的一个必然过程。

（4）朴素生活的再现——生活之美

古镇居民勤劳善良，热情好客，也带有小商人的精明练达。在老街上，居民们通过商品买卖、手工加工等维持生计，起早贪黑。白天的老街热闹而忙碌，到这里来旅游的外来人络绎不绝，到了傍晚，旅游的人们陆续离开，老街逐渐恢复宁静，居民们或三或五，聚在一起，聊天、饮茶、下棋，一天的辛苦劳作后，通过这样的方式来放松自己，老街呈现出一种温暖祥和的氛围，充分体现出生活之美。

3 古镇建筑研究

建筑是一个历史时期社会文化、科学技术等多方面综合的产物，传统建筑带有明显的地域特征，是古镇物质文化的重要载体。漫川关古镇的建筑既反映了当地人民的社会文化生活，也反映了当地的民俗民风以及技术经济情况。建筑的个体形象最终组成了古镇的总体风貌。因此，对古镇建筑的研究，是深入分析古镇建筑文化的前提，也是制订古镇保护与发展规划的前提。

本书从建筑类型学的角度出发，将漫川关古镇的建筑分为会馆建筑、民居建筑、宗教建筑三大类，从其历史背景、总体布局、空间形态、构筑技术、造型特点等多方面进行研究。

3.1 地域文化对古镇建筑的影响

漫川关古镇，特殊的自然地理条件、商业以及楚文化和移民文化的融入，形成了特殊的地域文化，建筑表现出南北过渡、东西交杂的混合性和复杂性特征，出现了明显有异于关中、陕北地区的、带有鲜明的湖北等地区建筑特色的天井院建筑。古镇民居兼具秦风楚韵，这使它成为研究陕南地域文化的代表，具有极高的建筑、民俗和艺术等多种研究价值。

古镇的历史建筑主要包括会馆建筑、民居建筑和宗教建筑三类。会馆建筑和民居建筑主要分布在古镇的老街上，保留下来的较多，也较完整，主要有骡帮会馆、武昌馆、北会馆、鸳鸯双戏楼、黄家药铺和莲花第等重要的历史建筑。宗教建筑则较为分散，大多在古镇周边的村庄和山上。漫川关有着“五教俱全”的说法，佛教、道教、基督教、伊斯兰教都有，宗教文化深入居民的生活中。峰峦山上有慈王庙，明清街北端有“一柏担二庙”，青龙山上有万福娘娘庙，白虎山上有三官庙，靳家河西岸的水磨村内还有一座清真寺。这些建筑大多因年久失修而毁坏。

3.1.1 地理气候条件的影响

1. 地理环境

漫川关古镇位于靳家河河谷地带，背靠青龙山，面对峰峦山，左依落凤坡（俗称南坡），山水环绕，土地肥沃，水源充足。正是由于这里得天独厚的自然条件和农耕资源，历史上才会有数次从外省迁来的人口在这里开垦荒地，繁衍生息。这样优良的天然条件，使当地人民丰衣足食，也为人们提供了丰富的天然建筑材料。人们根据大自然的恩赐，就地取材，黄土、木材、茅草和石材成为应用最广泛的建筑材料。

2. 气候条件

漫川关古镇位于东经110°3′，北纬33°14′，这里属于北亚热带向暖温带过渡的季风性半湿润山地气候，年均降雨量709毫米左右，阳光充足，年日照时间2134小时。年均气温13.1℃，7月最热，月平均气温25.4℃；1月最冷，月平均气温0.4℃。四季分明，温暖湿润，夏无酷暑，冬无严寒，降水丰沛，利于农业生产，亦是天然的避暑胜地。在这样的气候条件下，通风遮阳就成为最主要考虑的问题。为了解决这个问题，古镇的街巷狭窄，建筑间距较小，这样既可以相互遮挡阳光，而且可以形成风道有利于降温。从建筑本身出发，采用狭长的天井院，二层的建筑，最大限度增加了遮挡阳光的可能性。

3.1.2 移民文化的影响

古镇的地理位置处于秦楚文化圈的交界处，两种文化在这里碰撞和交融，再加上历史上移民的迁入，又为文化繁荣注入了新鲜的血液。明清时期曾多次出现大量移民迁入的情形。

首先，明洪武到永乐年间。元末中原地带由于战乱导致人口稀少，耕地荒芜，经济凋敝。山西地区却凭借地理优势和扩廓贴木儿的骁勇善战，极少被战争波及。再加上元末明初，山西风调雨顺，人丁兴旺，造成这里人口剧增。到了明洪武十四年，山西总人口达到403.4万，超出冀豫两省的总和。山西地区的耕地面积逐渐难以承载和养育不断增长的人口数量。因此，明朝政府下达迁徙令，将山西地区过剩的人口迁往周边河南、陕西等地区。根据新编《山阳县志》记载：“明洪武后期及永乐年间，先后有山西移民进入山阳。明成化年间，这些‘大槐树人’，在县城东街修建‘山西会馆’，主神位塑三国时山西解州人关羽像。以倡忠义互济，防范异乡欺凌”。

接着，明中叶。明中叶流民问题日益严重，成化元年，刘通在湖北房县起义，主要在湖北、河南、陕西三省交界的荆襄和秦巴山地活动，成化六年，明政府派大军对起义军进行了血腥镇压。起义军被灭后，明政府派南京左副都御史原杰前去安抚，原杰就将这些流民安置在陕南安康、商洛及湖北郧西等地，其中就包括山阳县。

第三，清顺治、康熙年间。清初年的“圈地运动”牵涉范围极广，从最初的顺天、永平、保定、河间四府，一直扩展到山东、山西等地。失去土地的流民背井离乡，颠沛流离，辗转来到陕南商洛地区，其中以山西籍最多。清初的迁海法令使福建、广东一带的居民进入内地，清政府下令“湖广填陕西”，有相当一部分移民因此来到商洛地区。

第四，清康熙至乾隆年间。由于水灾肆虐，湖北、广东等地的灾民拖家带口，涌入商洛地区，新编《山阳县志》记载：“康熙、雍正年间，众多湖广灾民星散进入金钱河上游，在鹘岭南麓定居。乾隆二十年（1755 年），清廷采取强迫手段，将江淮流域灾民（包括流民）驱赶到陕南山区。另外，为收复台湾，政府实行“迁海”政策，两广、闽浙有大量移民迁入。

这些移民迁来古镇定居，在这里繁衍生息，并将自己家乡原有的文化带入古镇。移民文化对古镇的建筑产生了深远的影响，尤其是以荆楚文化为代表的湖北建筑。

3.1.3 商业文化的影响

漫川关古镇，周围有金钱河、靳家河经过，水运便利，又有古道可以通往关中平原，正是由于这样特殊的地理位置和条件，使古镇成为从陕西关中到江汉平原贸易往来的重要物资集散地，也是水路交通和陆路交通的中转站，商旅往来多云集于此，古镇中商埠字号、店铺钱庄遍布成街，商业气息浓郁，兴建了黄家药铺、莲花第、席贸源、席家药铺、洪顺泰、樊盛恒、钱盛源、金降昌等老号商铺，手工业也很兴旺，有漫川传统十八工匠，包括米匠、皮匠、纸匠等。

为了满足商业的需求，大多数古镇民居都是商住两用。从平面布局上看，采用前店后宅或下店上宅的形式，其中前店后宅的居多。沿街的前屋三开间或者五开间，均采用可装卸的铺板门，进门之后就是店面了，过了店面是天井院，再往里，是自家居所的客厅，过了第二进院落，就是卧室。多采用“小阁楼、铺板门”的形式，小阁楼是指商铺均为两层，一层为店面，二层为阁楼。阁楼的主要作用是储存货物，这样做货物远离地面，可以起到防潮的作用。铺板门是指用铺板搭的门，白天铺板用于商户摆放展示商品（见图 3-1-1）；夜晚铺板直接立起来用作门户，方便快捷（见图 3-1-2）。这样的布局方式与普通的四合院民居差异明显，完全是由于商业文化的影响。

图 3-1-1　白天商铺场景

图 3-1-2　关闭后的铺板门

3.1.4 总结

漫川关古镇特有的地理气候条件、移民文化和商业文化的综合作用，最终形成了漫川关古镇建筑的地域特征，主要表现在下面几个方面。

1. 因地制宜，就地取材

古镇属于北亚热带向暖温带过渡的季风性半湿润山地气候，自然环境有山有水，植被茂盛。这里夏季日照强烈，冬季较为温暖，因此，在建筑技术层面更多考虑的是遮阳与通风，却不需要过多考虑保温功能。在整体布局上，古镇的建筑利用狭长的天井院组织空间，既能满足一般的采光通风，又能在院中形成大面积的阴影，有利于建筑的遮阳。另外，古镇的建筑多为二层，配合狭长的天井空间，容易形成烟囱效应，有利于热交换。

古镇周围多山，山上多石、多树，这些都是容易得到的建筑材料，如此一来，古镇的建筑所用的土、木、石等材料都是就地取材（见图 3-1-3）。

图 3-1-3 土木砖石

2. 南北文化，碰撞交融

由于移民文化和商业文化的影响，北方的建筑文化和南方的建筑文化在漫川关古镇碰撞交融，最终，这里的建筑既有北方建筑的规矩豪迈，又不失南方建筑的变化精致，形成了独特的建筑风格。主要表现在下面几个方面。

（1）平面布局——轴线、朝向和院落

①轴线

古镇建筑的平面常采用多路多进的四合院形式，布局较为规整，有明确的中轴线，大门、天井、堂屋等依次布置，轴线两侧布置厢房，左右对称，主次分明，这些都与北方建筑相似，充分展现了中国传统的礼教制度（见图3-1-4）。

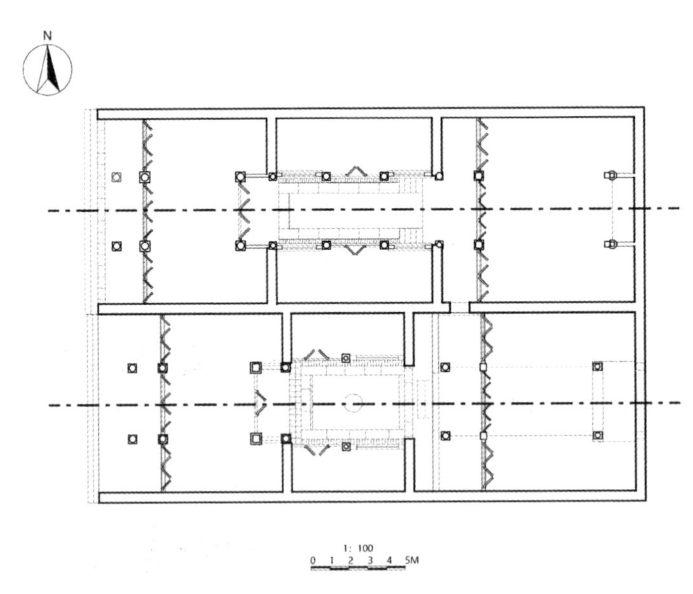

图3-1-4 并列轴线的古建筑群

②朝向

古镇建筑随山就势，因地制宜，大多坐东向西或者坐西向东，靠近青龙山和白虎山的建筑更是随山就势，朝向不定，没有遵守明清北方地区严格的“坐北朝南”的方位，在这一点上更像南方建筑的处理手法。

③天井

天井是一种特殊的院落，沿着建筑群纵轴线呈窄长方形（见图3-1-5）。古镇的建筑大多采用天井和过厅来组织空间，重视排水和通风功能，这除了与漫川关亚热带的气候相关外，明显还受到了南方建筑文化的影响。例如骡帮会馆的修筑者主要是陕西、山西商人，但会馆中用的是南方的“天井”而不是北方的“院落”，说明南北建筑文化在这里已经融为一体。

图 3-1-5 天井实例

（2）建筑功能——二层楼房，前商后宅

古镇的传统民居多为二层，如此设计的目的，一方面，结合天井院会形成烟囱效应，有利于通风散热；另一方面，明清时期，这里的居民多以商业贸易为生，住宅除了居住以外，同时也是商铺，所以沿街部分为商业用房，后面为住宅，二层多用来做仓库。

（3）大木构架

北方地区的传统建筑大多采用抬梁式木构架，南方地区则常用穿斗式，古镇的建筑，正房明间为抬梁式木结构，山面为穿斗式木结构（见图 3-1-6），两厢建筑则为抬梁穿斗混合式木结构（见图 3-1-7）。

图 3-1-6 正房木构架

图 3-1-7 厢房木构架

（4）细部做法

古镇建筑在细部做法上有许多地方带有明显的南方地区的建筑特征。

封火山墙，是鄂皖等地特有的做法，用于相邻两套宅院之间，将户与户之间严格隔绝，主要起到防火的作用，避免一旦失火，难以控制。在古镇里，有相当多的建筑都使用了封火山墙（见图 3-1-8）。

撑栱，用来支撑屋檐，构件满布雕饰，精美绝伦（见图 3-1-9），这种做法在湖北民居中常常见到。

图 3-1-8 封火山墙

图 3-1-9 古镇的撑栱

墀头，是硬山建筑装饰的重点。北方地区形式多样，有彩画，有浮雕，有人物故事，材料有砖砌的，也有石雕的，还有镶嵌碎瓷片的（见图 3-1-

10)，北方地区的墀头到檐口部分也就结束了。但古镇建筑由于使用封火山墙，所以，墀头与封火山墙连成一体，形成独特的装饰效果（见图 3-1-11）。

柱础，北方建筑柱础的式样较少，高度也较低，南方建筑的柱础形式多样，有八角形的、圆鼓形的、花瓶形的，构思极为巧妙。古镇中建筑的柱础也有各种不同样式。

图 3-1-10　北方民居的墀头

图 3-1-11　古镇的墀头

（5）装饰艺术

色彩：北方乡土建筑的色彩大多以土黄为基调，尤其陕西中部北部地区、山西、河南等地，墙面多为砖的本色，屋顶也多铺灰瓦。古镇建筑在色彩上更多地偏向于南方建筑，灰砖墙、小青瓦，黑色的板门，在青山绿水之间，仿佛一卷浑然天成的水墨画（见图 3-1-13）。

图 3-1-13 南北建筑色彩差异

3.2 建筑形态

古镇由于受到地形的限制，单体建筑的构建不能像平原地区那样方正规矩，建筑主要根据现有的场地及与自然景观的协调，因形就势，就地取材，在现有环境状况下最大化满足人们的需求，所以古镇的建筑形态反映出极具特色的地域文化。

3.2.1 组群

1. 布局模式

古镇建筑组群的布局模式，主要受到所处地域以及自然环境的影响，是建筑群为适应周边环境而产生的。古镇的建筑组群主要有以下几种布局模式：

（1）向心点状

以标志性建筑或开敞空间为组群中心，四周建筑遥相呼应，呈现出一种内聚关系。古镇的中心广场就是以鸳鸯双戏楼为中心，骡帮会馆、武昌馆、北会馆、黄家药铺等建筑围绕在其周围，形成强烈的内聚性空间（见图 3-2-1）。

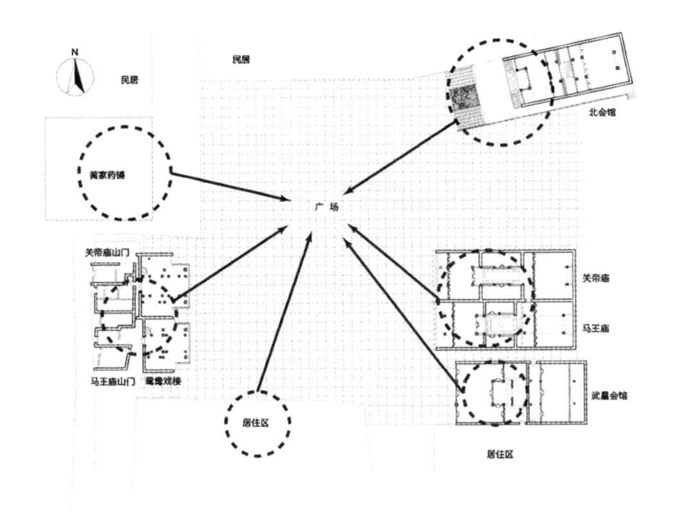

图 3-2-1 古镇向心点状空间示意图

（2）线状行列式

这种排列方式大多用在地形较陡或者用地受限的地段。古镇老街明清街，由于受到东面青龙山、白虎山以及西面靳家河的影响，基本按“之”字形沿线状布局（见图 3-2-2），两侧的建筑沿街紧密排列，由于这里以商业起家，沿街店面就显得十分重要，各个商户都希望更多地争取沿街店面。因此，在主街两侧就形成了沿街面窄，而进深方向深的长条形窄院。另外，由于整体地势东高西低，所以街道两侧的建筑，东面的建筑入口常高出街道许多。

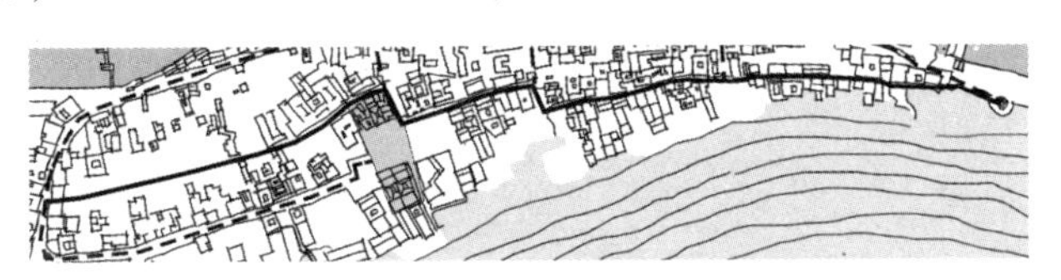

图 3-2-2 古镇老街平面示意图

（3）片状布局

片状布局常见于自然地形条件比较优越，场地面积较大，坡度分布均匀、平缓的地段。古镇最初的老街呈线状布局，但后来随着靳家河被治理，靠河附近的用地也逐渐发展起来，除了明清街外，逐渐发展出另外几条南北向街道与之并行，中间又有巷道相连，形成片状区域（见图 3-2-3）。

图 3-2-3 古镇片状区域

2. 组群的剖面空间

古镇组群的界定边界线西边是河，东边是山脉可建用地线，建筑在两者之间修建，总体地势靠山一侧较高，临水一侧较低。因此靠山一侧的宅院随着地势建造，进门处低，越向内走，建筑地坪逐渐升高；临水一侧的宅院，院内地坪仅有室内外高差的变化。

3.2.2 空间

建筑空间形态，从空间构成上可分为室外空间和室内空间，从属性上可分为自然空间和人工空间。漫川关古镇位于山水环抱之中，是由自然空间和人工空间相互融合而形成的独特的人居环境形态。

1. 典型空间形态

(1) 背景空间

古镇周围高大的山体、蜿蜒曲折的水系，甚至一草一木等元素都是建筑的背景空间，它们对建筑起着一种背景衬托作用。民间所说“背山面水”就是这一空间形态的真实反映。从古镇的布局中可以看到，建筑与背景空间相互融合，建筑布局随着山形水势产生变化，建筑群如同一幅图画镶嵌在大自然这个背景中一般，融为一体（见图 3-2-4）。

图 3-2-4 山水衬托下的古镇

（2）维系空间

古镇的建筑大多呈片状或块状分布，这样一来，建筑与建筑之间就产生了维系空间。维系空间既是自然空间又是人工空间，它不但能满足建筑功能方面的要求，同时丰富了整个城镇空间，是自然空间与人造空间的一体化。在古镇中，形成维系空间的有自然的河流、林木，也有人工的街巷、天井等，丰富了城镇的空间体系。

①街巷空间

建筑围合成院落，院落有序发展，形成街巷空间，街巷空间与古镇居民的日常生活密不可分，街面、巷口、路边、树下，都是人们交往的场所，人们每天在这里买卖东西，也在这里喝茶、聊天，成为古镇历史中最难以忘怀的一部分（见图 3-2-5）。

图 3-2-5 人们在街边做买卖聊天

②天井空间

建筑群通过天井将建筑组织成一进、两进或者三进院落。天井，由四周建筑的坡屋面围合成的敞顶式空间，多形成一个漏斗式的井口（见图 3-2-6）。

图 3-2-6 漏斗式的天井

与北方地区的民居相比，天井空间的功能类似于院落空间，但又有不同。相同之处，二者都是用来组织建筑的重要空间，也能够满足建筑采光和通风的需求。但差别也很明显，主要体现在尺度上，古镇民居中的天井空间，沿庭院轴线方向呈纵长方形，形成狭长空间，类似井口，北方民居与之相比，则宽敞许多（见图 3-2-7）。

天井是建筑中重要的空间，经由天井满足了室内的自然采光、夏季遮阳、汇集雨水与自然通风等要求。从天井采光，经过两次折射，光线变得不再眩目，无论是正房或是厢房，均朝向天井开门开窗，除了满足其物理功能外，也与聚财理念相契合；天井中常有一大瓮，瓮中蓄水养鱼，在其周围摆放些绿植盆景，到了夏季，有利于调节微气候，仿佛一座天然空调装置；天井周围的建筑屋顶大都坡向天井一侧，雨水均流进天井中，这就是所谓的“四水归堂”，也预示了“肥水不流外人田”的含义，彰显了敛财聚财的理念。

古镇天井尺寸不大，不同的天井院落，其高宽比并不一定，但基本都是介于 1∶1 至 1∶2 之间的私密空间尺度（见图 3-2-8）。

图 3-2-7 南北方院落空间比较

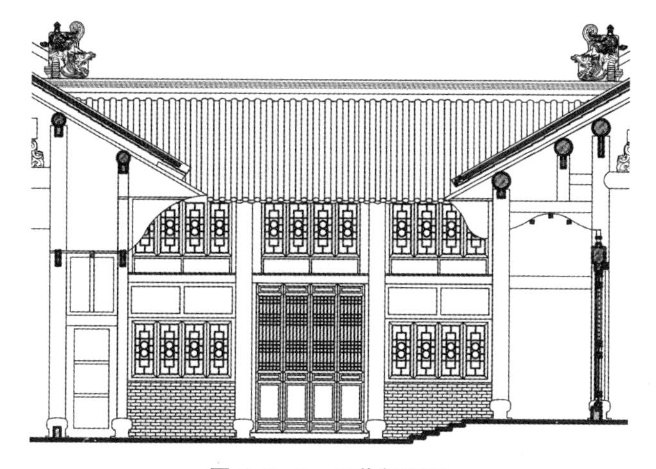

图 3-2-8 天井剖面图

天井空间是从室内到室外的过渡空间，体现出室内外空间环境的融合，同时此类渗透关系也会通过内外水平方向空间，向垂直方向进行扩展与渗透。从建筑看向天井，天井是具有立体感的美术作品（见图 3-2-9）；透过幽静天井的露天洞口，连绵的青山，蓝天白云尽收眼底，经由天井这个有限洞口，人的思维得到无限解放（见图 3-2-10）。

图 3-2-9 从建筑内看向天井

图 3-2-10 从天井看向天空

天井还是家庭生活的中心区域，日常的起居活动，例如儿童的玩耍，老人晒太阳等活动每天都在这里上演。

(3) 神祇空间

华夏民族的祖先从很早就开始进行自然神崇拜，并进行各种级别的祭祀活动，天地日月星辰，山川河流，风雨雷电，都在祭祀之列。这些祭祀活动最初在露天场所，后来就出现了礼制建筑这个类型，是用來祭祀神灵、祈求庇佑的特有建筑。生活中始终会碰到不确定性的情况，一些非正常的事件往往会使人感到无奈与迷惑，正如民间所说“天有不测风云，人有旦夕祸福”，于是人们往往将这类不确定性的事情归之于神的安排，祈求得到神灵的保护，信仰由此产生。先人们把他们对神的感悟融入其中，祭祀活动是人与神的交流，这种交流通过仪礼、乐舞、祭品，达到神与人的呼应。

漫川关古镇宗教兴旺，人们信奉佛教、道教、基督教、伊斯兰教样样俱全。这里的人们笃信宗教，无论是信奉哪种宗教，都十分虔诚，按照宗教教义进行各种宗教活动。其中信奉最多的还是道教，娘娘庙、一柏担二庙以及三官庙都是道观，而且距离古镇很近，拜神十分方便。

(4) 有形和无形空间

古镇的居民千百年来喝着同一条河里的水，走在同一条老街上，彼此之间十分熟悉，交往密切。街面、门口、路边、树下、巷口、石旁，都是交往的场所，这些有形的空间，每天都记录了不同的故事，而最终流传下来的故事，成为古镇历史中最难忘的组成。

3.2.3 造型

建筑造型主要是指古镇建筑在千百年历史演变中，人的生活需求与外界环境结合的一种功能反映和外形风格的体现。

漫川关古镇建筑造型主要有下面几方面的特征：

1. 就地取材，与自然环境融为一体

古镇周边有着丰富的天然建筑材料，如木材、石材、土坯等建筑材料，形成与环境融合的自然特色。古镇利用卵石来铺砌街巷、用块石、土坯、砖块来砌筑建筑的墙体，用木材来制作建筑的承重结构、门窗以及各种家具。正因为这些材料都源于自然，最终自然也就和建筑融为一体。

2. 南北融合，形成特殊的地域风格

陕南地区处于承启北南，连接东西的特殊地理环境，使这里的民居在与周边建筑文化的频繁交流中形成了多样化和融合性的总体特色。

在大山的环抱下与南北传统文化的熏陶下，在青山绿水间坐落的古宅，构成小桥、流水、人家的优美境界，明显受到楚文化的影响，与楚地建筑讲究“浪漫、灵动、绚丽、精美”的特点极为相似。

从建筑布局上看，大多采用尺度较小的天井院，与江汉民居的布局特征十分类似；从建筑色彩上看，楚人尚黑红，古镇民居无论是大木结构还是小木门窗，都是黑色油漆罩面；从建筑细部上看，古镇的封火山墙，屋顶上的脊饰，轻巧灵动，提升了韵律美与空间层次，明显带有江汉民居的特点，支撑屋檐的撑栱也与楚地建筑一般无二，还有裙裾式的翼角，更是明显的荆楚风格（见图 3-2-11）；从装饰题材上看，常常采用优美的凤凰造型，延续了楚人崇凤的传统，民居的门窗雕饰中的纹样，遒劲回环，具有明显的楚风（见图 3-2-12）。

图 3-2-11 古镇戏楼的裙裾式翼角

图 3-2-12 撑栱上的凤凰造型

3. 因地制宜的建筑风貌

古镇位于山水之间，山水格局决定了古镇的整体布局以及街巷的走向，街巷的走向又进一步决定了建筑的朝向和造型。因此，建筑造型多变，大多顺应自然条件，因地制宜，形成古镇自然多变的建筑风貌。

4. 精美的建筑装饰

木雕、砖雕、石雕的普遍使用是古镇建筑最突出的特征，有着极高的艺术价值。传统建筑的大木构件、照壁、栏杆、门窗等都充满了雕刻艺术，技法多为透雕、圆雕、浮雕等。雕刻主题丰富多彩，有带有吉祥寓意的纹饰图案（见图 3-2-13）；有仕学孝悌、耕织渔樵等风俗民情，有神话传说、历史故事等戏剧题材（见图 3-2-14）；也有飞禽走兽、花草虫鱼等画面，以及日月星辰、山川河流等自然景物（见图 3-2-15）。雕刻精美，内容丰富，题材广泛，是展示明清风情的一幅生动长卷，单调呆滞的静体因而获赋生命，更加栩栩如生与跃跃欲动。

图 3-2-13 夔紋装饰图案

图 3-2-14 戏楼檐下的雕刻

图 3-2-15 柱础上的战马雄鹿

5. 造型与功能的巧妙结合

古镇民居建筑追求造型与功能的巧妙结合。不仅追求功能实用，而且更加重视装饰工艺的美感。比如屋檐下的牛腿，满布雕饰，既满足支撑屋檐的功能，又通过雕刻体现了形式美（见图 3-2-16）；再比如柱础，本是为了保护柱子根部不受潮湿侵蚀，其造型多变，用各种几何纹样、花草动物等题材进行装饰，在满足功能需求的同时，又创造出各种生动有趣的造型。

图 3-2-16 屋檐下的牛腿

6. 质朴的外表蕴含着秀美

古镇的建筑大多为彻上明造，深色的木构架、青砖砌筑的墙壁、漆黑油亮的木板门，简单而朴素，又形成强烈的对比，显得庄重质朴。细节上富于装饰，隔扇门窗、撑栱、柁墩等，精雕细刻，显示出其秀美的一面。

3.2.4 构筑

1. 构筑形态

按照功能可将古镇传统建筑的构件分为三大类。

（1）承重结构构件

漫川关古镇建筑主要使用木构架承重。这些木构架自清代始建基本保存完好，后代未做大的翻修，基本保持着清代原貌，最大限度地保留了原建筑的文物价值。如此做，一方面因为地处秦岭南麓，木料取材方便，也易于加工运输；另一方面木构架灵活多变，可根据需要选择合适的构筑形式。在古镇的建筑中，体量较大的建筑多采用抬梁式或混合式，体量小的则采用穿斗式，按需选择，节约木材。

古镇建筑大多坐东朝西或坐西朝东沿靳家河或青龙山布置，形成中轴线上建筑面阔小而进深大的特点。因此，会馆建筑的前殿或正殿多采用十一檩抬梁式或抬梁穿斗混合式木构架，民居建筑的沿街店铺和正房相对小一点，多采用五檩或七檩抬梁式木构架出前后廊或不出廊，厢房的体量小一些，多采用穿斗式木构架。

檩条截面为圆形，檩下有枋，截面为长方形。木构架的梁比较粗大，有的下面有随梁；有的梁形状不甚规则，像是将树木砍下后略作加工就使用了（见图 3-2-17）。梁的截面多为矩形，但也有一些两侧略成弧形。屋檐下常用各式各样的撑栱来增加挑檐深度，带有浓郁的荆楚风格。柱子为圆柱，下有石质柱础，形式多样。

图 3-2-17 形状不规则的梁

（2）围护结构构件

围护结构主要是外墙和屋面。

古镇建筑的外墙多用砖砌筑而成，多采用一丁三顺，也有用空心斗子墙，大多做成清水砖墙，不抹白灰饰面。也有一部分仍是土坯砌筑而成的，但靠近下部的墙体使用石块砌筑，简单质朴。

会馆建筑的屋面多铺筒瓦屋面，上铺青灰色小板瓦，装饰重点在屋脊，常满布装饰图案，也有做成半镂空状的（见图 3-2-18）。

图 3-2-18 花卉装饰的半镂空屋脊

（3）辅助构件

辅助构件主要指门窗、隔断等。古镇的建筑中，建筑群入口的门多采用铺板门，而内部建筑的门窗多采用隔扇门或隔扇窗，隔扇心是装饰的重点，有步步锦、龟背、灯笼锦等多种图案。

2. 构筑形态与环境因素

漫川关古镇特殊的地理位置、气候、地形地貌等环境因素，对古镇建筑产生了很大的影响，其构筑形态反映出与当地环境因素的协调。

（1）与气候环境的适应

古镇的气候特征对建筑产生了许多影响。首先，古镇降雨量较大，再加上靠近靳家河，空气湿度较大。这个特征对建筑的影响主要反映在建筑的屋顶和屋脚。古镇建筑的屋顶多采用出檐深远的坡屋顶，出檐可到 1 米多，且坡度较大。古镇建筑多为二层，上层向外悬挑，既增大了下层的使用空间，这样可以更好地保护建筑的屋脚，也更利于排掉雨水，挑檐也有利于夏季防晒。

古镇夏季日照时间长，空气湿度大。因此，建筑的正面和背面全部采用镂空的隔扇门，再结合阁楼、天井等来组织建筑内的通风。

（2）与地形、地貌的适应

①河水环境适应

陕南地区自古多水患，因此古镇的建筑虽近水却不似江南水乡建筑般亲水，选址时多选择高地，以防水患。靠近河边的建筑多用石块砌筑下部墙体，万一发水的时候可以减小对建筑的破坏（见图 3-2-19）。

图 3-2-19　石块砌筑的墙基

②坡地环境适应

古镇周围群山环绕，因此建筑在建造上积累了许多经验，无论是何种山地情况，都能因势利导，顺其自然而建，产生了许多与复杂地形相适应的构筑形态。例如，从学堂巷往青龙山去，一路上的建筑大多顺应自然地形，高低错落，也不再讲究轴线对称。

③结合地方材料，创造地方工艺

古镇建筑大多就地取材，降低房屋造价，再加上与移民文化的交融，形成了一些独特的建造工艺。

古镇位于秦岭南麓，森林资源丰富，因此木材是当地重要的建筑材料。

土，可说是一种古老的建筑材料，大山之中到处都有，取材方便。因此，也有相当一部分的建筑是用土坯来砌筑的。土，经过烧制，还可以生产砖和瓦，明清以来，砖在民居中普遍使用，在这里有部分建筑的墙体是用砖砌的，屋顶上最常用小青瓦和一些瓦制装饰构件。木材、砖、瓦、石是古镇建筑的主体材料，局部也有用纸、金属等建筑材料。

木材：古镇中的民居大多用木构架承重，多为抬梁式，也有局部采用穿斗式，运用灵活，穿梁外伸，与撑栱一起承托屋檐，增大了出挑宽度。门窗也都采用木材制作。

土坯：年代久远一些的民居，大多是用土坯来砌筑墙体的。土坯取材方便，制作简单，经济实惠，土坯墙的热稳定性好，保温隔热效果良好。而且对环境没有任何污染，属于环保的建筑材料。

砖：陕南山地粘土丰富并且利于烧砖，所以砖便成为了建造房屋的原材料之一。古镇房屋多用青砖围合，有的在室内涂抹一层白灰。青砖同样被运用于房屋其它诸多部位，其中使用部位最多的是外墙与风火山墙，也包括室内外铺地、窗台等。同时，作为一种主要装饰性构件，砖在屋顶、大门、照壁等处均使用。

瓦：古镇中用的最多的是灰色的小板瓦。由向上的板瓦凹面把屋面组合排列而成，檐口处的底瓦有滴水收头设置。

石：古镇周围多山，石头开采简单。因为石材具有坚固耐用特征，所以运用广泛。挑选打磨后的石材会用作门前石狮、抱鼓石等装饰，也可用于下沉天井砌筑、院内柱础、水井沿口、石磨以及楼梯台阶、铺地、房屋台基、挑檐下部条石等。

3.3 会馆建筑

3.3.1 会馆的历史概况及分类

在古代，中国的宗法制度造就了国人重血缘、重乡土的社会心理，从而使那些为了求学、经商、赴任、出征等原因不得不离开家乡的游子们产生了无法割舍的思乡情结。因此，人们无论走多远，走多久都有一种根深蒂固的“寻根”的乡土观念。

在外漂泊的游子们，因为离开故土，在心理上一方面思乡情切，另一方面也对新环境产生了排斥和恐惧的心理，产生无依无靠、居无定所的如浮萍般的情感。因此，无论人们因何离家，都希望寻得来自故乡的安慰。正是这种“乡土情”驱使在外的游子们根据是否同乡来走向联合，并产生了会馆。会馆就是为同在异乡的同乡人，提供一个场所，一个可以在传统节日一起庆贺的场所，一个可以用乡音进行交流的场所，一个可以围坐一团品尝家乡菜肴的场所，一个可以暂时栖身的居住场所。最重要的，是一个可以重温家乡习俗，满足心理需求的场所。

会馆最早出现于明代，最初是在外为官的乡人为了相互帮助，相互激励，而创建的。根据民国时期的《芜湖县志》记载，明永乐年间，一位名叫俞谟的官员，在京师为官时，在前门外购置房舍基地，作为亲朋乡人来京时的旅舍居所之用，后来辞官归乡时将这份产业交给在京为官的另一位同乡，作为芜湖会馆。这时的会馆主要是在京的同乡官员集会，共叙思乡之情的场所。早期会馆是聚乡情、寄乡思的场所，还带有“唯礼让之相先，唯患难之相恤，唯德业之相劝，唯过失之相规，唯忠君爱国之相砥砺，斯萃而不失其正，旅有即次之安矣”。

明代选拔官吏主要的途径是科举制度，经由其他途径选拔的官员多被歧视。因此，通过科举，金榜题名成为读书人终生追求的目标。许多读书人依靠家族、乡族的经济支持才得以高中。那么，这些帮助过他们的家族、乡族就成为首要的报恩对象，《明史·选举志》中说大臣：“所举或乡里亲旧，僚属门下，素相私比者”。明宣德年间，流传着这样的民谣：“翰林多吉水（今江西吉水县），朝士半江西”。这些都说明，进入仕途后的官吏们常常以地缘关系为纽带，拉帮结派，结成朋党。正是由于这种地域政治观念的盛行，大大影响了明清时期会馆的发展。

后来，除了为官员服务的会馆外，又出现了为商人服务的行业性会馆，它们虽然都是以地域性为基本纽带，但服务对象却各不相同，称为商帮会馆。明清时期，商业繁荣，会馆在一定程度上成为各商帮展示实力的舞台。例如，清雍正年间，山西翼城布行商人建立的晋翼会馆，所以又称为“布商会馆”。根据文献记载，会馆共有四进院落，主建筑为神殿，面阔三间，中间供奉夫子像，左间供奉火神金龙大王，右间供奉玄坛财神。并有大厅、戏台等附属建筑。每逢节庆以及朔望之日，同乡们就会来此焚香礼拜，到了嘉庆年间，又有所扩建，规模更加宏大。

商业发达的城市常会有多个会馆，这些会馆之间常会相互比较，希望通过自己会馆规模大小以及建筑的华丽程度来彰显行业的经济实力。因此，会馆建筑多粗柱大梁，满布雕饰绘画，建筑雄伟壮观。大多由牌坊、门屋、前殿、后殿、客厅、戏台和住房等组成。

吕作燮先生在《明清时期的会馆并非工商业行会》一文中，将会馆大体上分为三类，第一类是为了给同籍同宗的官绅和举子们提供歇脚的地方，这类会馆全都在北京；第二类是行业性会馆。行业性会馆是由同一行业的商人们共同建造的，是地域性的同业人员取得某地该行业垄断地位的重要标志，例如漫川关镇的骡帮会馆；第三类是地域性会馆。地域性会馆是由同乡人共同建造的，便于同乡人相互帮助，例如武昌会馆。

3.3.2 会馆建筑的功能与空间营造

1. 会馆的功能

会馆的出现，最初就是为了给同在异地的同乡人提供一个相互帮助、寄托思乡之情的地方，随着会馆的不断发展，建筑的功能也越来越多，其中比较重要的包括祭祀神灵、联谊活动、戏剧表演、慈善事业等。

首先，祭祀神灵。在古代，人们背井离乡，远离亲人，心中难免空虚无依。为了保佑同乡们经商求学等平安顺遂，大多供奉家乡神或行业神来实现精神的寄托。祭祀活动地位崇高，因此一般都会在会馆正殿内供奉神像，定期举行祭祀活动。

其次，公务活动。在外求学经商的人们，当有重大事件或困难发生时，需要寻求帮助、商量对策。这些也是会馆必须满足的一项重要功能。因此，会馆大多在主要庭院的两侧厢房内布置会客室、会议室等。

有些规模较大的会馆还会为同乡、同行提供临时的住宿与生活。这些经常布置在主轴线侧面的次轴线上。

第三，戏剧表演。在中国古代，戏剧表演是最常见的一种娱乐形式。除了较大的戏剧剧种外，每个地方也都有能够反映地域特色的地方戏种。古镇也有自己的戏种——漫川大调。会馆既然是大家聚会的场所，自然少不了这种娱乐形式。因此，多数会馆都有专门的戏楼（见图 3-3-1）。

图 3-3-1 会馆中的戏楼

第四，慈善事业。会馆在清朝中期达到鼎盛时期，其职能范围不断扩大，延伸到当地社会，承担了部分社会责任，例如收留照顾当地的孤寡老人、养育孤儿、赈济灾民等。如此一来，加强了与地方的联系，更便于会馆组织在当地稳定发展。在建筑布局上，常会增设茶室、公共墓地、宿舍等功能，用来加强与地方的联系。

2. 空间营造

为了满足会馆的上述功能，会馆建筑营造出不同的空间，一起构成会馆建筑群。

（1）平面布局

会馆建筑与中国其他类型的传统建筑在平面布局上有着极大的相似性，一般均采用轴线来串联功能空间，形成一进一进的院落。如果规模较大，就会采用主次轴线，形成有组织的建筑群，主轴线上分布有山门、戏楼、前殿和正殿等建筑，是会馆建筑中用来祭祀、聚会和娱乐的主要公共空间，主轴线侧面的次轴线，常用来布置会客、办公、住宿、厨房商铺等其他用途的辅助用房。

（2）空间营造

古镇保留下来的会馆建筑在空间营造上有相同之处，也有不同的地方，下面将从四个方面进行说明。

①入口空间——山门

入口空间是建筑群给人们的第一印象。在中国古代，非常重视入口空间的营造。可惜古镇的会馆由于人为原因，大部分的入口空间已被破坏，变成了现代广场（见图3-3-2），只有北会馆前有坡度较大的台阶，形成了较为适宜的入口空间（见图3-3-3）。

图3-3-2 会馆前的广场

图3-3-3 北会馆入口

②祭祀空间——正殿

正殿是会馆建筑群中用来祭祀的场所，也是建筑群中最重要的建筑之一，位于中轴线上的中心位置，里面供奉有神位。在中国古代，不同地域有各自的信仰，拥有各自崇拜的神灵，各行各业也都有自己的“祖师爷”或者“守护神”。所以，会馆建筑中供奉的神位各不相同。例如，陕西、山西多崇拜关羽，因此山陕会馆也常叫做“关帝庙”；湖南湖北大多崇拜大禹，所以他们修建的会馆常叫“禹王宫”；其他如药材行业的会馆常被称为“药王宫”，骡帮运输行业则供奉马王神，称为“马王庙”。

古镇会馆的正殿均为三开间，位于中轴线的末端，建筑形制一般为整个建筑群的最高级别，用以突显其重要的地位。若建筑群有高差变化，正殿也放在最高的标高上。

③观演空间——戏楼

戏剧表演在中国古代十分普遍，上到王公贵族，下到贩夫走卒，都喜欢观看。因此，用来演戏和看戏的建筑——戏楼和观戏楼就成为多种建筑类型中的重要组成部分。会馆建筑也不例外。戏楼正是会馆建筑中承载戏剧表演功能的重要载体，具有较强的实用性。同时，由于戏剧文化的流行，戏楼自然成为众人瞩目的焦点。因此，建筑往往装饰华丽，是充分展示财力的场所。古镇的骡帮会馆现保留有南北并列两座戏楼，真可说是雕梁画栋，具有极高的艺术价值（见图 3-3-4）。

图 3-3-4 鸳鸯双戏楼

④辅助空间——院落、厢房

院落空间是会馆建筑群中不可缺少的组成部分，它不但可以组织建筑，而且能够满足采光、通风和排水等方面的需求。古镇的会馆建筑群由于建造人群的不同，院落空间也有差别，北方人建造的院落四四方方，比较接近四合院（见图3-3-5）；南方人建造的大多是狭长的天井院（见图3-3-6）；虽同在古镇，但各有各的特点，这也正反映出会馆建筑特有的文化交融现象。

会馆的一些辅助功能，例如日常办公、接待、餐饮、住宿等功能，大多由主轴线两侧的厢房或者次轴线上的建筑来承担。

图3-3-5　武昌馆天井

图3-3-6　关帝庙天井

3.3.3　骡帮会馆

1. 概况

骡帮会馆始建于清光绪七年（1880年），至光绪十二年（1885年）增修。会馆背靠青龙山，面对靳家河，由陕西、山西和河南的骡帮共同出资修建。会馆由两部分组成，北为关帝庙，南为马王庙。山、陕、豫的商人从事陆路运输，主要运输工具为马和骡，马和骡是这些商人的财源，因此对马十分崇拜，庙中供奉的是三只眼的水草马明王马灵光，祈求马帮商道平安，生意兴隆，墙壁上也有马的图案；北为关帝庙，供奉的是武财神关羽，象征仁义聚财，诚信立市，财源广进，墙壁上绘有关平、周仓的画像。当年在漫川关镇有两个比较大的运输商队，分别为骡帮和马帮，骡帮负责运输货物，马帮负责护送，这两个商队经常合作，相互依存，但又彼此独立。因而这两组四合院并列在一起，但又一分为二，内侧有门道相连，作为各自的活动场所，合称骡帮会馆（见图3-3-7）。

骡帮会馆，是陕西省现存规模最大的会馆建筑群。1992 年公布为陕西省重点文物保护单位，2013 年公布为全国第七批重点文物保护单位。

图 3-3-7　骡帮会馆外观

2. 总体布局

骡帮会馆坐东朝西，总平面呈长方形，由南北并列的两组庙院和戏院组成，每组现存一进院落，用天井组织空间，采用“四水归明堂”的布局形式。北面一组为关帝庙，南面一组为马王庙，两组建筑规模相当，共占地约 3330m^2。目前保留下来的建筑从西向东依次为山门、戏楼、前殿、南北厢房以及大殿，戏楼与前殿之间已被改成了城市广场（见图 3-3-8）。根据当地居民回忆，新中国成立后，骡帮会馆曾被作为学校使用，戏台与前殿之前原本为一个较大的院落，是用来进行祭祀、看戏等活动场所，后来才拆除围墙，将戏楼与前殿之间的院落改建为古镇的广场（见图 3-3-9）。

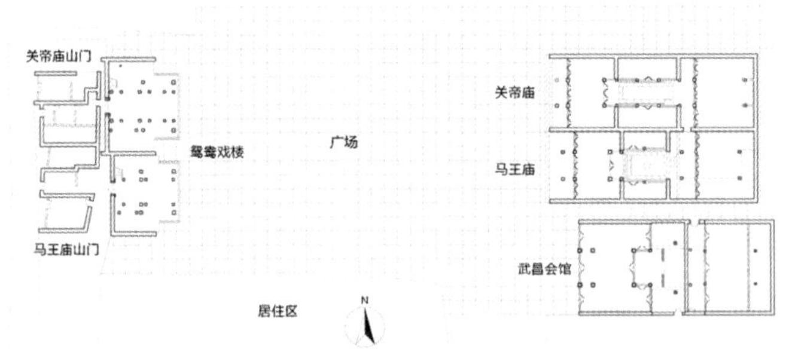

图 3-3-8　骡帮会馆总平面图

图 3-3-9 广场现状

骡帮会馆的选址极为讲究，背靠青龙山，面向靳家河，同时正对着青龙山的主峰，形成超长的轴线关系，也突出了其在古镇中的重要地位（见图 3-3-10）。

图 3-3-10 骡帮会馆背靠青龙山

3. 建筑风貌

骡帮会馆建筑形态清新高雅，带有浓郁的荆楚风格，高低错落的封火山墙，富于变化。整个建筑外墙简洁朴素，大面积砖墙，原色，与硬山墙檐下的三角形彩绘装饰形成鲜明对比，再配上封火山墙，形成丰富的天际线，给人以强烈的视觉享受（见图 3-3-11）。

图 3-3-11 骡帮会馆山面

4. 装饰艺术

骡帮会馆的装饰艺术成就极高，砖雕、木雕、石雕均有，尤其是木雕，工艺精湛。装饰的种类众多，广泛用于檐口、梁架、门窗及室内陈设等处。内容既有神兽瑞草，也有民风民俗等。会馆院内台阶均用大青条石磨光对缝砌筑，天井的地面用石子拼贴成花卉图案。

5. 单体建筑

马王庙和关帝庙两组建筑共同组成了骡帮会馆，为了方便叙述，在这里我将两组的单体建筑分别进行介绍。

(1) 马王庙

马王庙现存山门、戏楼、前殿、天井院和正殿，但戏楼与前殿之间的格局被破坏，目前正在尝试修复（见图 3-3-12）。

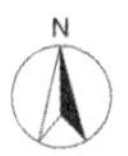

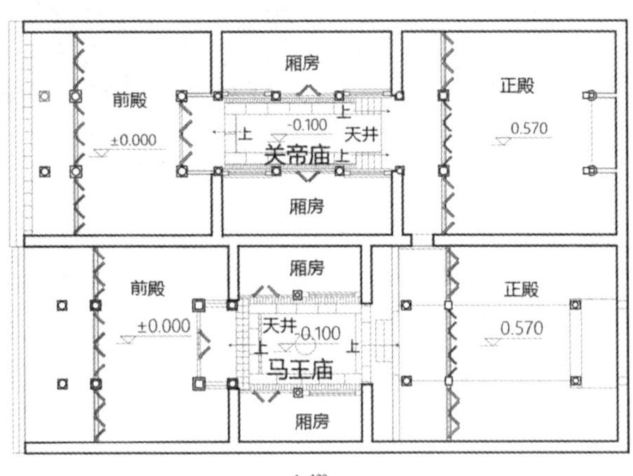

图 3-3-12 骡帮会馆现状平面图

①山门

马王庙的山门坐东朝西，面阔三间，中间一间屋顶较高，两侧的较低，均为硬山顶。

平面：面阔三间，正面三间均为黑色条板门，明间两侧为山墙，高出次间屋面。

屋顶：明间屋顶为硬山顶，装饰华丽，有正脊和垂脊，均采用半镂空满布花卉的形式。次间屋顶有正脊没有正吻，两侧有高起的封火山墙。

屋面满铺深灰色板瓦，仰瓦屋面，有滴水。

正脊满布花卉图案，两端有正吻，为龙首鱼尾的鳌鱼，龙嘴大张，紧咬正脊两端，鱼尾朝天并向外卷曲，身上有阴刻的鱼鳞图案。鳌鱼生动形象，尤其是龙头部分，刻画细致，栩栩如生。正脊中间有脊刹，共三层，下面两层四面雕有花朵，最上一层为仰莲（见图 3-3-13）。垂脊上满布花卉，端部有脊兽。两山有单层封火山墙，山墙上有屋顶覆盖，为半个庑殿顶式样，山面朝外，有正脊和垂脊。墀头与封火山墙连为一体，大体分为三部分，上部为垂直面，呈长方形，上有浅浮雕，由于部分损毁，仅能隐约看出为两个人物形象，局部有彩绘；中间为弧形，其上有浮雕；下层为横向叠涩，层层收进，直至山墙（见图 3-3-14）。

图 3-3-13　马王庙山门明间正脊、正吻及脊刹

图 3-3-14 马王庙山门封火山墙及墀头

②戏楼

进入山门后是戏楼的背面，因为骡帮会馆的戏楼是并列的两座，因此，放在后面一起介绍。

③前殿

平面

前殿面阔三间，明间 3.65 米，次间 3.20 米，进深也为三间，8.26 米。正面三间均为四扇隔扇门，中间开启，有前廊；东面明间的木围护部分向西移到金柱的位置，形成凹字形平面。

大木构架

前殿明间两榀梁架均为抬梁式木构架，为 11 檩七架带前后廊木构架，有前廊，中间一间采用七架梁，跨度 5.00 米，两侧跨度稍有不同，西跨是前廊，为 1.66 米，东垮 1.60 米，两跨做法相同，均采用穿斗式结构，下金檩置于金瓜柱上，金瓜柱与金柱之间用穿枋连接，并置于另一道穿枋之上，是抬梁式与穿斗式混合的一种梁架形式（见图 3-3-15）；两山采用硬山搁檩。前廊穿枋出头，承托挑檐檩，枋下沿进深方向有弧形天花吊顶，这也是荆楚建筑特有的一种装饰（见图 3-3-16）。

图 3-3-15 马王庙前殿梁架

图 3-3-16 马王庙前殿弧形天花

殿内均用直柱，较粗壮，沿面阔方向共有四排，柱下均有柱础，较高，分为上中下三个部分，大体相似，但每排柱础又略有不同。从西向东，第一排柱础高47厘米，下层为正方形基座，中间为正方形束腰，最上一层为方鼓形台座，四角有亚字形收束；两个柱础方鼓形台座每面都有浮雕图案，但并不相同，北边的沿顺时针方向，从正面开始依次为麒麟过江、腊梅盛开、骏马奔腾和鱼跃龙门（见图3-3-17）；南边的沿顺时针方向，从正面开始依次为麒麟过江、夏日荷塘、葡萄满藤和骏马奔腾。第二排柱础高47厘米，形式更复杂一些，基座由正方形和八边形两层叠加而成，中间为圆形束腰，上层台座由圆鼓和八角形盖顶组成，八角形盖顶上有蝙蝠浮雕装饰，其他部分素平；第三排柱础高53厘米，基座由正方形和八边形两层叠加而成，中间为圆形束腰，上层为南瓜形台座，上有浅浮雕装饰，靠近柱脚地方有一圈如意形装饰图案。第四排柱础高53厘米，下层为正方形基座，中间为圆形束腰，最上一层为圆鼓形台座，外表素平。

图3-3-17 马王庙前殿第一排柱础

梁架上用柁墩而非瓜柱，共有三层六个柁墩，最上层柁墩用来承托脊檩，采用夔紋作为装饰，满布雕刻；第二层柁墩承托三架梁；第三层柁墩承托五架梁；七架梁下有随梁以及梁托，梁托镂空，雕工精美。

前廊及檐下

前廊顶上有中间高两边低的弧形天花，前廊较高，为了稳定，明间檐柱和前金柱之间用连枋加强联系，共有上下两道，上面一道紧贴弧形天花，上部形状与天花贴合，下部呈直线，用夔紋组成对称的装饰图案（见图 3-3-18）；第二道连枋较低，连枋素平，中间有扇形牌匾，南为玉堂，北为金马（见图 3-3-19），连枋下有雀替，为龙头鱼尾，龙头相对，鱼鳞满布，生动形象（见图 3-3-20）。殿前额枋上雕有双龙戏珠、双凤朝阳图案（见图 3-3-21）。

图 3-3-18　马王庙前廊上连枋

图 3-3-19　马王庙前廊下连枋

图 3-3-20　马王庙前廊雀替

图 3-3-21　马王庙前殿额枋

马王庙前檐柱到撩檐枋之间也有弧形吊顶，并在吊顶下用撑栱来承托。

撑栱上部轮廓与弧形吊顶重合，由夔紋镂雕而成，中部有凤凰图案，上有凤头昂扬，下有凤爪挺立，凤身用夔纹图案抽象而成，若隐若现，别具一格（见图 3-3-22）；撩檐枋正面有 45 度斜向回纹装饰，梁头下方有花板，采用蔓草回纹图案装饰（见图 3-3-23）。

图 3-3-22 马王庙前殿撑拱

图 3-3-23 马王庙前殿檐下装饰

屋顶

前殿为硬山屋顶，有正脊和垂脊。屋面满铺青灰色筒瓦，有勾头和滴水，单层方形椽。

正脊呈缓和曲线，满布牡丹花卉图案，正脊中间有脊刹，共三层，下面两层四面雕有花朵，最上一层为仰莲（见图 3-3-24）。两端有正吻，一大一小两龙头背面相对，大龙头口噙正脊端部，龙身向上，满布浅刻龙鳞，尾部向外卷曲（见图 3-3-25）。

图 3-3-24 马王庙前殿正脊和脊刹

图 3-3-25 马王庙前殿正吻

垂脊装饰华丽，分上下两层，上部满布花卉，朵朵盛开，下层为夔紋浅浮雕，贴于山墙上（见图 3-3-26）。

图 3-3-26 马王庙前殿垂脊

两山前后均有阶梯式封火山墙，前檐为两层，墙头有屋顶覆盖，铺筒瓦，檐口有勾头滴水，从屋檐到墙之间有砖砌线脚层层收进作为过渡。上层屋顶为仿照硬山顶，山面朝前，山面有如意图案装饰；下层屋顶仿照庑殿顶，山面朝前。两层屋顶均有正脊；后檐为一层。墀头，墀头与封火山墙连为一体，大体分为三部分，上部为垂直面，呈长方形，上有浅浮雕，为降妖除魔的故事；中间为弧形，其上有麒麟塑像，麒麟倒立，栩栩如生（见图 3-3-27）。

图 3-3-27 马王庙前殿封火山墙及墀头

图 3-3-28 马王庙前殿隔扇门

隔扇门：前殿正面三间，每间四扇隔扇门，由于建筑较高，隔扇门有三层绦环板，隔扇心为步步锦，裙板有如意形浅浮雕（见图 3-3-28）。

④天井院与厢房

马王庙的天井院宽 3.65 米，长 6.55 米，由于正殿较高，因此，前殿与两侧厢房的屋顶相连，形成三面围合的天井。从前殿看向正殿，光线从天井透入院中，厢房被自己的屋檐遮挡，较暗，正殿地势较高，再加上屋檐高出天井，被阳光照射，与昏暗的厢房形成鲜明的对比，越发衬得威严神圣，地位突出（见图 3-3-29）。

厢房面阔两间，上下两层，西间为四扇隔扇门，中间开启，东间为四扇槛窗，上层用木板封闭；柱下有柱础，尺寸较小，分上中下三段，下面为方形基座，中间有束腰，上面为鼓蹬，基本素平，仅在靠近柱子根部的地方阴刻如意图案一圈（见图 3-3-30）。厢房梁头有镂空菱形雕饰，并直伸出柱子至檐下承托撩檐枋，撩檐枋下有花板，为蔓草纹样，俊秀飘逸，墀头部位从檐口向下有两层线脚，向内收进，装饰的重点是弧形部分，上有彩绘图案，再向下是四层线脚，直至与山墙正面平齐，并在山墙正面紧挨着的砖上施以彩绘。（见图 3-3-31）。

图 3-3-29 马王庙天井空间

图 3-3-30 马王庙厢房柱础

图 3-3-31 马王庙厢房檐下花板及墀头

⑤正殿

平面

正殿面阔三间，明间 3.65 米，次间 3.20 米，进深三间，9.60 米。正面明间为六扇隔扇门，次间均为四扇隔扇门，中间开启。

大木构架

明间两榀梁架均为抬梁式木构架，为十一檩木构架，进深三间，有前廊，中间一间采用七架梁，跨度 4.78 米，西侧跨度 2.40 米，东侧一间跨度 2.42 米，两跨均为下金檩置于金瓜柱上，金瓜柱与后金柱之间用穿枋连接，并置于另一道穿枋之上，是抬梁式与穿斗式混合的一种梁架形式；西跨为前廊，穿枋下沿进深方向有弧形天花，形式与前殿类似，两山采用硬山搁檩。

殿内均用直柱，较粗壮，沿面阔方向共有四排，柱下均有柱础，较高。柱础由上中下三个部分组成，大体相似，但每排柱础又略有不同。从西向东，第一排柱础高 47 厘米，下层为正方形基座，切去四角，中间为八边形束腰，最上一层为南瓜形台座，(见图 3-3-32)；第二排柱子为方形截面，其柱础高 45 厘米，基座为正方形，中间为正方形束腰，上层为方鼓形台座，正面有装饰图案，台座上端有段方形台子，尺寸与木柱相同（见图 3-3-33)；第三排柱础高 45 厘米，基座为正方形，中间为圆形束腰，上层为圆鼓形台座，上雕有龟背图案。

图 3-3-32 马王庙正殿第一排柱础

图 3-3-33 马王庙正殿第二排柱础

梁架上用柁墩而非瓜柱，共有三层六个柁墩，最上层柁墩用来承托脊檩，满布雕刻；第二层柁墩承托三架梁；第三层柁墩承托五架梁。

屋顶：正殿也为硬山屋顶。屋面满铺青灰色筒瓦，有勾头和滴水，单层方形椽。

正脊呈缓和曲线，分上下两层，上宽而下窄，满布盛开的牡丹以及绿叶图案，有正吻，形象与前殿相同。正脊中间有脊刹，共三层，下面两层四面雕有花朵，最上一层为仰莲形制与前殿相同。

两山有阶梯式封火山墙。

门窗：正殿正面三间，明间为六扇隔扇门，次间为四扇隔扇门，由于建筑较高，隔扇门有三层绦环板，隔扇心为龟背锦，裙板素平。

额枋：正殿较前殿和厢房要高一些，檐下有大额枋和小额枋，大额枋雕饰华丽，有人物也有花卉，可惜人物已被毁。

（2）关帝庙

关帝庙现存山门、戏楼、前殿、天井院和正殿，但戏楼与前殿之间的格局被破坏，目前正在尝试修复。关帝庙是北方商人出资，因此，整体风格较为简单，细部装饰没有马王庙那么精致华丽，更为朴素大方。

①山门

关帝庙的山门坐东朝西，面阔三间，中间一间屋顶较高，两侧的较低，均为硬山顶。

平面：面阔三间，正面三间均为黑色条板门，明间两侧为山墙，高出次间屋面。北侧一间已毁，目前的是后来根据资料重建的。

屋顶：明间屋顶为硬山顶，装饰华丽，有正脊和垂脊，为实心满布花卉的形式。次间屋顶有正脊没有正吻，两侧有高起的封火山墙。

屋面满铺深灰色板瓦，仰瓦屋面，有滴水。

正脊满布花卉图案，两端有正吻，形象与马王庙山门的正吻形象相同。正脊中间有脊刹，共三层，下面两层四面雕有花朵，最上一层为仰莲（见图3-3-34）。垂脊上满布花卉，端部有脊兽。两山有单层封火山墙，山墙上有屋顶覆盖，为半个庑殿顶式样，山面朝外，有正脊和垂脊。墀头与封火山墙连为一体，大体分为三部分，上部为垂直面，呈长方形，上有浅浮雕，为一人一马的形象；中间为弧形，其上为孔雀开屏的浮雕，栩栩如生；下层为横向叠涩，层层收进，直至山墙（见图3-3-35）。

图3-3-34 关帝庙山门明间正脊、正吻及脊刹

图 3-3-35 关帝庙山门封火山墙及墀头

②戏楼

进入山门后是戏楼的背面，因为骡帮会馆的戏楼是并列的两座，因此，放在后面一起介绍。

③前殿

平面

前殿面阔三间，明间 3.66 米，次间 3.37 米，进深也为三间，8.10 米。正面三间均为四扇隔扇门，中间开启，有前廊；东面明间的木围护部分向西移到金柱的位置，形成凹字形平面。

大木构架

前殿明间两榀梁架均为抬梁式木构架，为 11 檩七架带前后廊木构架，有前廊，中间一间采用七架梁，跨度 5.05 米，两侧跨度稍有不同，西跨是前廊，为 1.45 米，东垮 1.60 米，两跨做法相同，均采用穿斗式结构，下金檩置于金瓜柱上，金瓜柱与金柱之间用穿枋连接，并置于另一道穿枋之上，是抬梁式与穿斗式混合的一种梁架形式；两山采用硬山搁檩。前廊穿枋出头，承托挑檐檩，枋下沿进深方向有弧形天花吊顶，这也是荆楚建筑特有的一种装饰。

殿内均用直柱，较粗壮，沿面阔方向共有四排，柱下均有柱础，较高，分为上中下三个部分，大体相似，装饰较为简单。

梁架上用柁墩而非瓜柱，共有三层六个柁墩，最上层柁墩用来承托脊檩，第二层柁墩承托三架梁，第三层柁墩承托五架梁。

屋顶

前殿为硬山屋顶，有正脊和垂脊。屋面满铺青灰色筒瓦，有勾头和滴水，单层方形椽。

正脊呈缓和曲线，满布牡丹花卉图案，两端有正吻，龙头口噙正脊端部，龙身向上，满布浅刻龙鳞，尾部向外卷曲，正脊中间有脊刹，共三层，下面两层四面雕有花朵，最上一层为仰莲（见图 3-3-36）。

图 3-3-36 关帝庙前殿正脊、正吻和脊刹

垂脊装饰华丽，分上下两层，上部满布花卉，朵朵盛开，下层为藤蔓浅浮雕（见图 3-3-37）。

图 3-3-37 关帝庙前殿垂脊

两山前后均有阶梯式封火山墙，前檐为两层，墙头有屋顶覆盖，铺筒瓦，檐口有勾头滴水，从屋檐到墙之间有砖砌线脚层层收进作为过渡。上层屋顶为仿照硬山顶，山面朝前，山面有莲花图案装饰；下层屋顶仿照庑殿顶，山面朝前。两层屋顶均有正脊，脊上满布花卉雕饰，脊的端部向上微翘；后檐为一层。墀头，墀头与封火山墙连为一体，大体分为三部分，上部为垂直面，呈长方形，中间为弧形，均施有彩绘，下部为横向线脚逐层收进，直至山墙（见图 3-3-38）。

隔扇门：前殿正面三间，每间四扇隔扇门，由于建筑较高，隔扇门有三层绦环板，隔扇心为格子心，裙板素平。

图 3-3-38　关帝庙前殿封火山墙及墀头

④正殿

平面

正殿面阔三间，明间 3. 66 米，次间 3. 37 米，进深三间，9. 65 米。正面明间为六扇隔扇门，次间均为四扇隔扇门，中间开启。

大木构架

明间两榀梁架均为抬梁式木构架，为十一檩木构架，进深三间，有前廊，中间一间采用七架梁，跨度 4.68 米，西侧跨度 2.47 米，东侧一间跨度 2.50 米，两跨均为下金檩置于金瓜柱上，金瓜柱与后金柱之间用穿枋连接，并置于另一道穿枋之上，是抬梁式与穿斗式混合的一种梁架形式；西跨为前廊，穿枋下沿进深方向有弧形天花，形式与前殿类似，两山采用硬山搁檩。

殿内均用直柱，较粗壮，沿面阔方向共有四排，柱下均有柱础，较高，分为上中下三个部分，大体相似，但每排柱础又略有不同。从西向东，第一排柱础下层为较低的方棱台基座，中间为正方形束腰，最上一层为方鼓形台座，四角有亚字形收束，方鼓形台座每面都有浮雕图案。

梁架上用柁墩而非瓜柱，共有三层六个柁墩，最上层柁墩用来承托脊檩，满布雕刻；第二层柁墩承托三架梁；第三层柁墩承托五架梁。

门窗：正殿正面三间，每间四扇隔扇门，由于建筑较高，隔扇门有三层绦环板，隔扇心为灯笼锦，裙板有如意形浮雕。

檐下装饰：正殿位置较高，檐下有雕刻华丽的额枋，分上下两道，上面的采用分段镂空雕刻，除了显得精美，还可以增加采光和通风。

（3）鸳鸯双戏楼

骡帮会馆的戏楼有南北并列两座，因此也称为鸳鸯双戏楼。“清光绪十二年（1886 年），山阳县漫川西街建戏楼两座并列‘双戏楼’。结构严谨，木雕雅致。与‘骡帮会馆’相对”。是当时陕商、晋商、徽商等南北客商聚集民众、推销商品、传递信息、文化活动的中心。

两座戏楼南北并列，北侧戏楼比南侧戏楼体量稍大，均是坐西朝东，与会馆前殿遥遥相对，占地面积约 240 平方米。建筑形象华丽，富于装饰。是当时居民客商文化娱乐的场所。

双戏楼的结构严谨精巧，雄伟壮观，装饰精致秀丽，集南北风格于一身。1992 年被陕西省人民政府定为省级重点文物保护单位。

①北戏楼

北侧为关帝庙戏楼，雕饰粗犷、大气豪放，是典型的北方风格。每年三月三、九月九多演唱以秦腔为主的剧目，又称其为“秦腔楼”。

平面：平面呈凸字形，通面阔 13.60 米，台口宽 9.28 米，两次间各为 1.70 米，通进深 11.30 米，前面突出部分进深 3.75 米。由于唱戏的需要，戏楼下层架空，沿面阔方向有柱子四列，但布置并不均匀，中间两列各有六根，旁边两列南侧的有四根，北侧只有两根，南北两侧的四根柱子以及中间的两根通到二层，为主要承重柱。西北角有木制楼梯可上二楼。

二层面阔三间，有沿进深方向木制隔墙将平面一分为二，隔墙前面是凸出的部分，为唱戏的地方，隔墙后面是后台，供演员上台前做准备工作的，隔墙上各有一扇门，分别写着出将入相（见图 3-3-39）。

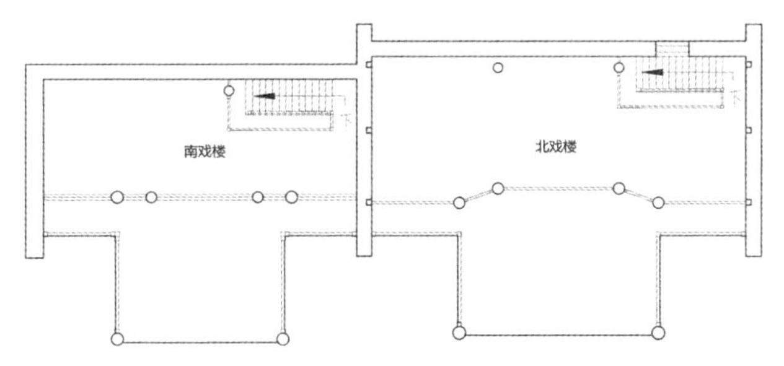

图 3-3-39 双戏楼二层平面图

梁架：戏楼的梁架较为复杂，做法也与官式建筑差别甚大，是抬梁式与穿斗式的混合。柱下均有柱础，柱础较高，有方有圆，满布雕刻，形象多变。

屋顶：北戏楼的屋顶为组合式屋顶，中间明间部分为单檐歇山顶，两侧为硬山顶，两山有封火山墙（见图 3-3-40）。

图 3-3-40 北戏楼外观

图 3-3-41 北戏楼翼角

翼角的做法带有明显的荆楚风格，角梁外侧为弧形，向上翘起，檐口形成类似裙裾的曲线，但相较于南戏楼，起翘的高度较低，裙裾的弧度也较小，承托角梁的牛腿造型也较为独特（见图 3-3-41）。

②南戏楼

南侧为马王庙戏楼，重檐歇山顶，装饰比北戏楼更为华丽，尤其是木雕，几乎充斥了建筑的每个部分，檐下、台口下，都有着复杂的木雕，多以故事、传说为主。屋顶形式复杂、翼角高高翘起，檐口曲线轻巧灵动，建筑风格具有典型的荆楚建筑特征。

平面：南戏楼平面为凸字形，靠后的一字形部分为后台，主要为演员化妆更衣，以及入场前准备的场所；前面凸出的接近正方形部分为前台，是主要演戏的部分。共有上下两层，下层架空，有密布短柱，上层面阔三间，进深两间，西北角有木制楼梯上下。

屋顶：南戏楼的屋顶为组合式屋顶，中间明间部分为前后两个歇山顶，前面的为重檐歇山顶，后面的为单檐歇山顶，两侧为硬山顶，两山有封火山墙。重檐歇山顶高耸，成为视觉的中心。其下层檐在中间的做法也较为特殊，中间部分的屋檐去掉了，用两块三角形雕花木板向内收进，与额枋上方中间的方形木板连成一体。三角形雕花木板上有浅浮雕，左为“牧童遥指杏花村”，右为“江枫渔火对愁眠”（见图 3-3-42）。

图 3-3-42 南戏楼下层屋檐

翼角的做法带有明显的荆楚风格，角梁外侧为弧形，向上翘起，檐口形成类似裙裾的曲线（见图 3-3-43）。

图 3-3-43 南戏楼翼角

藻井：同时期北方地区的其他戏楼，大多采用抬梁式彻上露明造，双戏楼上的藻井，正是其独特之处，藻井具有双重功能，首先，提高音效。南戏楼以演唱汉剧（又称楚调、汉调二黄）为主，汉剧声音缥缈柔美、音调较高，双层八角的藻井可以起到扩音的效果（见图 3-3-44）；北戏楼以演唱秦腔为主，秦腔声音高亢，故而做成敞开的八角形藻井（见图 3-3-45）。其次，藻井还具有防火的美好寓意。《风俗通》记载："今殿作天井。井者，东井之像也。菱，水中之物。皆所以厌火也"。东井即井宿，星官名，二十八宿中之一宿，主水。在建筑的高处使用藻井，并饰以荷、菱、藕等水生植物，表达了古代人民希望能通过这种方式预防火灾的美好愿望。最后，藻井制作复杂，形象华丽，也是建筑身份地位的象征，采用藻井形象，也有商人们想借此彰显自身的愿望。

图 3-3-44 南戏楼藻井

图 3-3-45 北戏楼藻井

3.3.4 武昌馆

1. 概况

武昌会馆，简称武昌馆，始建于明成祖年间（1420—1442 年），是湖北武汉一带商贾集资修建，也是湖北客商的办事处，后在清康熙、咸丰、同治和光绪年间多次增修。原有广场及戏楼，占地 2460 平方米。整体风格极具南方特色（见图 3-3-46）。

图 3-3-46 武昌馆外观

武昌馆前殿正面挂有对联一副“晨曦动木铎木舌唤醒大雁塔，西烟下渔舟渔歌唱醉黄鹤楼”。大雁塔对黄鹤楼，凸显出南北文化在这里融为一体。殿内明间正中挂有“天地仁和”牌匾一块，并悬挂有会旨会规，教化商民要童叟无欺，诚实经营；大殿为忠烈宫，主位供奉的是屈原，侧位供奉的是明朝打天下以身殉国的忠烈，有保留下来刻有“忠烈宫”石匾一块。屈原被认为是“水神”的化身，因其投河自尽，人们想象他能在水底镇压妖魔，保船只平安。

2013 年被列为国家级重点文物保护单位，是漫川关古镇现存历史建筑中修建年代最早的建筑。

2. 总体布局

武昌馆共一进院落，有主次两条轴线，主轴线由前殿、天井院和大殿组成，天井院近似方形，围绕天井院南北两侧没有建厢房，而是做成敞廊形式。其北侧有一条次轴线，由前屋、小院和后屋组成，后屋与主轴线天井院有门相连。前屋挂有“玉壶在抱”的匾额，当年是一个茶馆，途径商旅在此听戏、喝茶、畅谈南北趣闻（见图 3-3-47）。

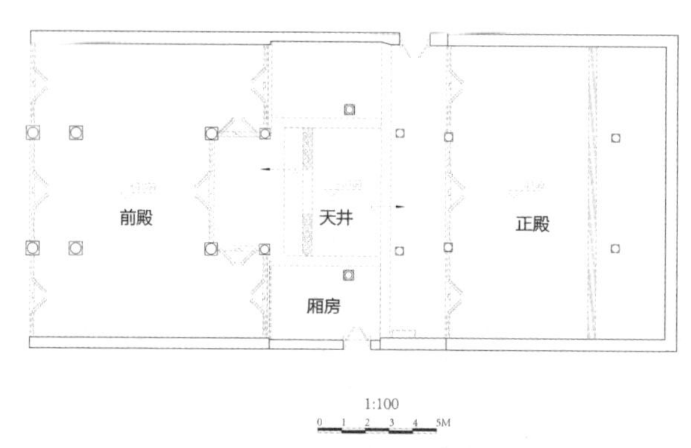

图 3-3-47 武昌馆主要部分平面图

根据当地老人回忆，武昌馆原来还有一座戏楼，在前殿的正对面，是一座典型的荆楚风格的建筑，三层飞檐，灵巧而气势恢宏，舞台口两侧耸立着一对威武雄壮的石狮子，目前保存在商洛市博物馆内。

3. 单体建筑

（1）前殿：

平面：前殿面阔三间，通面阔 12. 34 米，明间 4. 86 米，次间均为 3. 74 米，进深也为三间，共 10. 36 米。正面三间均为四扇隔扇门，中间开启；东面的木围护部分在明间位置向西移到金柱的位置形成一个凹字形平面。

大木构架：前殿共有四榀屋架，明间两榀相同，抬梁式木构架，为 11 檩木构架，进深三间，中间一间采用抬梁式木构架，最下面为七架梁，跨度 6. 55 米，做法较为特殊，七架梁是插进金柱中，用的是半榫，由于跨度较大，因此七架梁下有一道随梁（见图 3-3-48）；西侧一间 1. 80 米，上空有弧形天花吊顶（见图 3-3-49），东侧一间 2. 28 米，两跨采用的均是穿斗式木构架，下金檩置于短柱上，短柱与金柱之间用穿枋连接，并置于另一道穿枋之上，可算是抬梁式与穿斗式混合的一种梁架形式。两山采用穿斗式梁架，各柱之间均用穿枋连接，柱及穿枋截面尺寸较小，应是依靠部分山墙承重（见图 3-3-50）。

图 3-3-48 武昌馆前殿明间梁架

图 3-3-49 武昌馆前殿弧形天花

图 3-3-50 武昌馆前殿山面穿斗式梁架

殿内均用直柱，较粗壮，沿面阔方向共有四排，柱下均有柱础，较高，分为上中下三个部分，大体相似，但每排柱础又略有不同。从西向东，第一排柱础高 64 厘米，下层为正方形基座，中间为六边形束腰，最上一层为圆鼓形台座，上面有浮雕装饰（见图 3-3-51）；第二排柱础高 64 厘米，下层为正方形基座，中间为八边形束腰，最上一层为南瓜形台座，上面有浮雕装饰（见图 3-3-52）；第三排柱础高 61 厘米，下层为正方形基座，中间为亚字形束腰，最上一层为正方鼓形台座，四角向内收进，表面素平；第四排柱础高 67 厘米，下层为正方形基座，中间为圆形带线脚束腰，最上一层为圆鼓形，上面有浮雕装饰，较为华丽。

图 3-3-51 武昌馆前殿第一排柱础

图 3-3-52 武昌馆前殿第二排柱础

梁架上用柁墩来承托大梁，没有用瓜柱，共有三层六个柁墩，最上层柁墩用来承托脊檩，柁墩雕成两凤凰相对的图案，凤嘴朝着脊枋，凤尾朝上展开；第二层柁墩承托三架梁，一圈用夔紋装饰，上窄下宽，略成方形，中间雕有瑞兽麒麟（见图 3-3-53）第三层柁墩承托五架梁，柁墩上蝠倒悬，下面对着一个花瓶，瓶内花正开的娇艳，一边瓶内是牡丹，另一边瓶内是梅花。

图 3-3-53 武昌馆前殿第二层柁墩

屋顶：前殿为硬山屋顶。屋面满铺青灰色筒瓦，有勾头和滴水，单层方形椽。

正脊呈缓和曲线，分为上下两部分，上部镂空并满布花卉图案，下部为实心，有飘带状浮雕装饰图案，两端有正吻，龙头口噙正脊端部，龙身向上，满布高浮雕龙鳞，尾部向外卷曲，动感十足，栩栩如生。正脊中间有脊刹，共三层，下面两层四面雕有花朵，最上层为仰莲（见图 3-3-54）。

图 3-3-54 武昌馆前殿正脊、正吻和脊刹

垂脊装饰华丽，满布花卉，朵朵盛开，端部有吻兽。前殿两山有阶梯式封火山墙，上下两层，均有屋顶覆盖，上层为硬山顶式样，有正脊，满布花卉雕饰，端部微微翘起，类似清水脊的做法，其上有两只昂首的凤凰，山花位置有如意形浅浮雕，屋顶和山墙之间有砖砌线脚过渡，山墙上有彩绘和浅浮雕装饰；下层为半个庑殿顶式样，有正脊，为夔紋镂空样式，端部上翘成弧形，类似清水脊的做法。两层均山面朝外，并铺筒瓦，有勾头和滴水。墀

头与封火山墙连为一体，大体分为三部分，上部为垂直面，呈长方形，中间为弧形，均施有彩绘，下部为横向线脚逐层收进，直至山墙（见图 3-3-55）。

隔扇门：前殿正面和背面三间均采用隔扇门，上中下均有绦环板，均素平。隔扇心采用（见图 3-3-56）。

图 3-3-55 武昌馆前殿垂脊、封火山墙和墀头

图 3-3-56 武昌馆前殿隔扇门

（2）正殿

正殿面阔三间，尺寸与前殿相同。进深也为三间，共 10.36 米。正面明间为八扇隔扇门，均可开启，次间为四扇隔扇门，中间开启。带前廊，廊宽 2.10 米，廊上有弧形天花，并用两道枋承托，上层枋上面轮廓与弧形天花相契合，下层枋为长方形，两层枋上均满布雕饰，做工十分精美（见图 3-3-57）。明间前廊檐下两道额枋，枋上原满布木雕，可惜已毁，仅剩靠近柱子两端有龙头形雕饰。

图 3-3-57 武昌馆正殿前廊弧形天花

正殿为硬山屋顶，但前坡为重檐，下层檐与前殿及两侧廊子的檐口连成矩形天井，而正殿较高，上层檐从前金柱向外悬挑。两层檐之间的高差为夔纹装饰的镂空花窗，这样更有利于采光和通风（见图 3-3-58）。

图 3-3-58 武昌馆正殿镂空花窗

屋面满铺青灰色筒瓦，有勾头和滴水，单层方形椽。

正脊呈缓和曲线，实心，由花卉及叶子组成浮雕装饰图案，两端有正吻，龙头口噙宝珠，龙身向上，满布高浮雕龙鳞，尾部向外卷曲。正脊中间有脊刹，共三层，下面两层四面雕有花朵，最上层为仰莲。垂脊装饰华丽，满布花卉，朵朵盛开，端部有吻兽。

正殿正面三间均采用隔扇门，上中下均有绦环板，均素平。隔扇心采用龟背锦。

（3）天井院

武昌馆的天井院近似于正方形，南北宽，约 4.80 米，东西稍窄，约 4.30 米，前殿、正殿和两侧敞廊的屋顶连成一体，呈井口状（见图 3-3-59）。院内花木扶疏，坐在敞廊中，微风徐徐，别有一番风味。

图 3-3-59 武昌馆天井院实景

3.3.5 北会馆

1. 概况

北会馆，始建于清光绪七年（1881 年），是一座具有北方特色的古建筑。占地 600 多平方米。当时由陕西、甘肃、山西等北方商贾集资修建，因此而得名。是北方商客在漫川的一个办事处，也是他们祈拜及文化活动的中心。2013 年被列为国家级重点文物保护单位。

北会馆的房基高出骡帮会馆、武昌馆和其他建筑很多，这是为了显示北方人雄厚的经济实力和独特的商业领导地位，身份尊贵。考虑河床逐年抬升，影响会馆的安全。北会馆前的栏杆上有 12 兽首，墙壁的部分砖上还刻有“北会馆”的字样。

2. 总体布局

北会馆平面紧凑而规整，仅有一进天井院，北会馆建在一块自然高地上，从前殿入口开始，层层升高，利用踏步组织不同标高，结合天井，营造出丰富的内部空间，由于用地限制，整个平面东西狭长，南北尺度小，所以没有厢房（见图 3-3-60）。原计划北会馆门前广场准备筹建戏楼，但由于陇海铁路贯通后，骡马古道逐渐荒废，戏楼最终没有建成。会馆前左右两侧耸立两株两人合抱粗细的侧柏，树龄已有两百多年，苍劲翠绿，古柏前有古井一口。

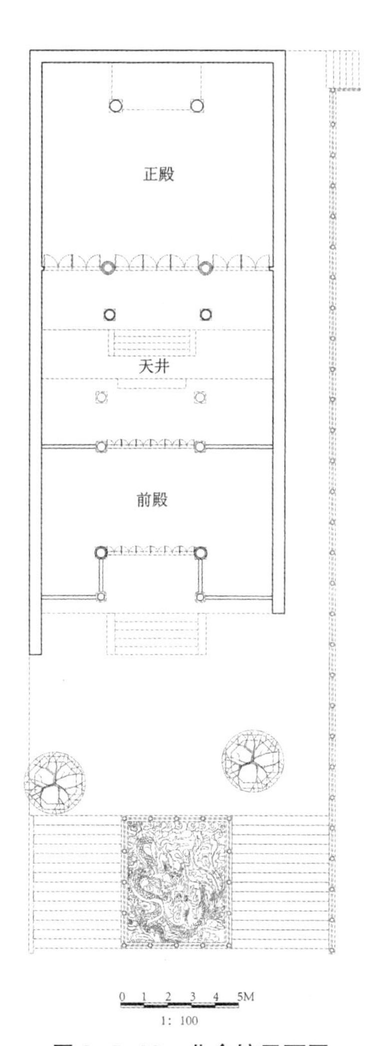

图 3-3-60 北会馆平面图

北会馆北侧为开阔地，高低起伏的轮廓线，精致的雕刻和彩绘，再搭配上青山绿树，整个建筑群的侧面成为一道独特的风景（见图 3-3-61）。

图 3-3-61 北会馆北侧外观

3. 单体建筑

(1) 前殿

平面：前殿面阔三间，通面阔 10.60 米，明间 4.20 米，次间均为 3.20 米，进深也为三间，共 8.70 米。正面和背面明间均为六扇隔扇门，中间开启，次间为槛窗，各四扇。

大木构架：前殿共有四榀屋架，明间两榀相同，为 9 檩前后廊抬梁式木构架，进深三间，中间一间为五架梁，跨度 5.05 米，东西两侧间均为 2.05 米，西侧一间上空有弧形天花吊顶（见图 3-3-62）。

图 3-3-62 北会馆前殿梁架

殿内均用直柱，较粗壮，沿面阔方向共有四排，柱下均有柱础，较高，分为上中下三个部分，大体相似，但每排柱础又略有不同。前殿第一排柱础下层为正方形基座，中间为正方形束腰，最上一层为方鼓形台座，四角有亚字形收束，四面基本素平，仅有长方形框形浮雕；第二排柱础下层为正方形基座，中间为覆盆形束腰，最上一层为南瓜形台座，上面有浮雕装饰；第三排柱础与第一排相似，但表面素平；第四排柱础，下层为正方形基座，中间为正方形束腰，最上一层为正方形台座，表面粗糙，中间有浅浮雕装饰。

梁架上用柁墩来承托大梁，没有用瓜柱，共有两层三个柁墩，最上层柁墩用来承托脊檩；第二层柁墩承托三架梁，柁墩均采用弧形如意飘带纹饰。

屋顶：前殿为硬山屋顶。屋面满铺青灰色筒瓦，有勾头和滴水，两层方形椽。

正脊呈缓和曲线，满布花卉图案，两端有正吻，龙头口噙正脊端部，龙身向上，满布高浮雕龙鳞，尾部向外卷曲，动感十足，栩栩如生。

垂脊东长西短，装饰华丽，分为上下两层，上层满布花卉，下部为凸字形连续镂空装饰（见图 3-3-63）。

前殿两山有阶梯式封火山墙，前面为上下两层，均有屋顶覆盖，上层为硬山顶式样，有正脊，满布花卉雕饰，形式与垂脊相同，山花位置有三瓣如意形卷纹环绕一朵盛开莲花，屋顶和山墙之间有砖砌线脚过渡，山墙上有彩绘和浅浮雕装饰；下层为半个庑殿顶式样，有正脊，形式与垂脊相同。两层均山面朝外，并铺筒瓦，有勾头和滴水；后面为单层封火山墙。墀头与封火山墙连为一体，大体分为三部分，上部略成长方体状，但南、西、北三面均从棱角向内收进，形成镂空雕饰斜面及彩绘平面，构思奇巧，做工精致，中部为向内收的弧面，上有身披飘带的狮子，头下脚上，口含绣球，生动活泼，富有动感；中部与下部之间有横向线脚过渡，层层收进，经过小弧面，再经过一道线脚，为镶嵌的三个瓷瓶，象征“平安”之意，再向下仍为横向线脚，收进直至山墙（见图 3-3-64）。山墙处有蝙蝠对称型的装饰图案以及稳固墙体的铆钉，也是蝙蝠造型，寓意为“福从天降”。

图 3-3-63 北会馆前殿垂脊

图 3-3-64 北会馆封火山墙及墀头

隔扇门及槛窗：前殿正面和背面三间均采用隔扇门，上中下均有绦环板，均素平。隔扇心采用龟背锦，槛窗四扇，也采用相同的隔扇心图案。

（2）正殿

平面：前殿面阔三间，通面阔 10.60 米，明间 4.20 米，次间均为 3.20 米，进深也为三间，共 8.70 米。正面和背面明间均为六扇隔扇门，中间开启，次间为槛窗，各四扇。

大木构架：前殿共有四榀屋架，明间两榀相同，为 9 檩前后廊抬梁式木构架，进深三间，中间一间为五架梁，跨度 6.70 米，东西两侧间均为 2.10 米（见图 3-3-65）。

图 3-3-65 北会馆正殿梁架

殿内均用直柱，较粗壮，沿面阔方向共有四排，柱下均有柱础，较高，分为上中下三个部分，大体相似，但每排柱础又略有不同。正殿第一排柱础下层基座为两层，下层正方形，上层正八边形，稍微向内收进；中间为圆形束腰，最上一层为圆鼓形台座，基本素平，在上部靠近柱脚的部位有一圈如意形浅浮雕。

梁架上用柁墩来承托大梁，没有用瓜柱，共有两层三个柁墩，最上层柁墩用来承托脊檩，柁墩上左右对称地雕刻着龙形装饰，龙身卷曲；第二层柁墩承托三架梁，柁墩中间有方形柱状部分，左右对称布置装饰，东西两侧的图案并不相同，东侧的柁墩采用卷曲的飘带，右侧的则采用直线型夔紋图案。

（2）天井院

北会馆的天井院是横长方形，东西只有 2.6 米宽，南北向 10.60 米长，主要是由于受到用地的影响。院子虽窄，但仍放有绿植，以及代替太平池的水缸（见图 3-3-66）。

图 3-3-66 北会馆天井院

天井院虽小，但也有装饰，在朝南的墙面上做了硬心包框墙。硬心是包框墙的一种做法，即壁心用方砖磨砖对斜缝摆贴面，不做抹面。有些较讲究的硬心包框墙，会在壁心中央和四角嵌饰砖雕图案，看起来非常华丽。北会馆的就是这样处理的，壁心中央有圆形牡丹主题的砖雕，四角也镶嵌着三角形花卉砖雕。

3.4 民居建筑

3.4.1 基本概况

古镇的传统民居现存近百户，大多数建于清代各时期，少部分为明代遗存，还有一些为民国建筑。民居大多从事商业经营，很少以纯住宅的形式出现，基本是住宅与商铺或作坊相结合，常见类型有“前店后宅式”或“下店上宅式”。

古镇的老街明清街大致呈南北走向，分上街、中街和下街。上街较为狭窄，靠青龙山一面，建筑背山面水，进深方向尺度大，这部分民居以居住为主，顺应地势，建筑从堂屋到后院地势由低向高走向，通过天井进行采光，组织后院的活动，从而使得内部空间显得宁静而祥和且又包含生活气息（见图 3-4-1）。

图 3-4-1 上街建筑外观

中街地势平坦，场地相对开阔，这里是商人洽谈、娱乐的场所。北会馆、武昌会馆、骡帮会馆坐东向西由北向南依次排列，双戏楼则坐西向东与会馆相呼应。

下街大多是一些商铺，沿着靳家河组建，这里采取了前店后宅的布局形式，下街的街道宽敞、形式独特，有利于进行商业活动。在这个空间前廊檐白天是店铺的延伸，晚上是人们休息闲谈的区域，檐廊的空间既有利于商业活动的开展，又能起到调节气候的作用，满足人们多方面的生活需求。在商住两用的建筑空间里，堂屋通常用于摆放货品，堂屋往后才是人们生活起居的使用空间。无论是商住两用的住宅还是单纯的居住院落，都是采用天井来进行采光。

3.4.2 黄家药铺

1. 概况

黄家药铺，建于光绪十六年（1890年），外形呈印盒状，内部砖木结构，人称“一口印”，是漫川关古镇保存最完好的一座古民居。清同治年间，黄玉波随姻亲邹姓人来漫川关，本欲建“聚义兴”银号，兑换银票，典当贵重物品，以解决南北商贾的资金周转问题。因此，建筑正面不设窗户，天井布网，以防盗贼，建筑结构与一般商号明显不同。后因老家一场人命官司，改变计划，办起药铺，曾兴盛一时。清光绪十九年店铺开业时，山西省按察使黄照临（曾任山阳知县）送庆贺牌匾“业启鸿图”一块，现保存完好，悬挂正堂。在第三次全国文物普查时被列为文物保护点。

2. 平面布局

黄家药铺位于古镇老街中街和下街的交汇处，坐西朝东。建筑呈长方形，共分上下两层，由两进天井院组成。下层为商铺，上层为住宅。一进大门，就是第一进天井院，尺度不大，主要是为了满足采光和通风的需求，围绕其组织两侧厢房（见图3-4-2）。再向内走，是开敞的堂屋，两侧是当铺柜台，是经营的主要场所。继续前行来到第二进天井院，两侧是二层的厢房，再向前就是第二进院落的正房（见图3-4-3）。从大门直到第二进正房，地面不断抬升，有“步步高升”之意。

图 3-4-2 黄家药铺第一进天井院

图 3-4-3 黄家药铺第二进天井院

这里原本是打算作为当铺的，所以建筑在很多地方都与普通民居或商铺不同。首先，建筑四周用坚固高耸的围墙砌筑，仅在东西两面留有正门和后门，门洞不大，远远看去整座建筑好像一座堡垒（见图 3-4-4）。其次，除了第二进正房的后檐外所有的建筑屋顶都向内坡，从高处看，仿佛两个漏斗，两个天井上均用铁网覆盖，主要是为了防盗（见图 3-4-5）。

图 3-4-4　黄家药铺外观

图 3-4-5 黄家药铺覆盖铁网的天井

3. 大木构架

黄家药铺的第二进正房进深较大，采用 7 檩带后廊抬梁式木构架，做法与官式建筑差别较大，最下面一道为六架梁，六架梁的东端插于前檐柱之中，西端与五架梁平齐，插于后金柱之中，后廊做法也不同于一般建筑，抱头梁上承托短柱，用来承托檐檩，短柱与后金柱之间有连枋，抱头梁的西端是由砖墙承托的。

黄家药铺的柱子大多采用八棱柱，柱础较高，分上中下三部分，下面为正方形基座，中间有束腰，上面是南瓜形鼓座，其上有浅浮雕装饰。

3.5 宗教建筑

漫川关古镇儒教、道教、佛教、天主教、伊斯兰教五教俱全，以道教活动最为广泛。周围四座山上有四座庙宇，青龙山上有“娘娘庙”，黑虎山上有“三官庙”，峰峦山上有“慈王庙”，北入口有“一柏单二庙”。

娘娘庙，位于青龙山的半山腰，在古镇中只要向东面看，就能看到娘娘庙，是古镇中重要的一座庙宇。庙宇始建于明朝中期。明中期疟疾横行，医疗水平低，人们惨死众多，出生率虽高，但死亡率也高，导致婴儿成活率极低。人们望子心切，祈求神灵的庇佑，凿洞建庙，即原有的娘娘洞。至清朝乾隆年间，水陆交通发展，湖广移民迁居漫川，人口激增，娘娘庙得以扩建。

有前后殿各三间，前殿供奉武圣关帝，后殿供奉观音菩萨。庙后森林茂密，古树众多，环境优美。清代这里香火旺盛，善男信女求娘娘赐子赐福。娘娘庙前有一个大平台，可以看到古镇全貌。

三官庙，位于白虎山上。三官指天官、地官和水官，是早期道教尊奉的三位天神，是古人对天、地、水自然之神的崇拜。祈求天官赐予福寿，祈求地官赦免罪过，祈求水官消灾解难。最早建于明末，有正殿三间，每年定期举行庙会，香火不断。建国初被毁，现今，在善男信女的捐资下得以重建。

慈王庙，位于峰峦山上，据《慈王参》记载，慈王，李姓，湖北汉口人，原为朝廷命官，官至四品，在四十多岁时其母病逝，回家守孝三年，其间乐善好施，扶贫帮困，被封为“土地”。在告老还乡后，58 岁到漫川关，继续行医疗疾，悬壶济世，深受当地百姓的爱戴，被尊奉为慈王。漫川关人为其修建庙宇，因庙基塌陷，庙倒人亡，68 岁无疾而终。在其寿终后为了纪念和弘扬慈王的善德，民国 18 年，当地善士新建一座慈王庙，供善男信女敬奉，也便于人们闲暇时登山游玩看景。后于 1946 年被毁。现今为打造漫川旅游品牌，重建主殿 3 间，另有厢房、灶房等。规模宏大，景色优美。

一柏单二庙，位于古镇上街北口处，始建于明成化年间。相传吕洞宾在商洛山修行时有 102 个道友，为感念道友的陪伴，在其成仙后，就在漫川关修了一柏单二庙。在上街北口的河边突立着一块儿巨石，巨石上长有一颗古柏树，盘根错节，郁郁葱葱。古柏的两侧修建有吕祖庙和鲁班庙。嘉庆年间，大臣奏报吕祖巩固河堤，劳苦功高，朝廷特此敕封吕祖，并列入祀典。之后各地掀起兴建和修缮吕祖庙的热潮，漫川吕祖庙在清朝香火旺盛，各方善男信女络绎不绝。鲁班庙中鲁班是能工巧匠的代名词。明初，鲁班信仰达到鼎盛，各行各业的工匠们祈求鲁班能够保佑自己完成工作。随着社会分工的发展，每一行当必奉一古人为师，借助古人神灵不仅能保护本行业的发展，同时能提高本行业的社会地位。漫川关古时有“十八工匠”，工匠行业的人公认鲁班为自己行业的祖师，保佑自己，趋利避害，这也是二庙的修建缘由。光绪三年（1877 年）和民国十八年（1939 年），漫川关遭遇两次特大旱灾，民不聊生，二庙逐渐荒废。大跃进时古柏被砍，二庙被毁。1999 年，在当地善士的自发组织下捐资重建。

4 古镇建筑装饰艺术

我国装饰艺术由来已久，早在石器时代，古人就开始制作各种佩戴在身体某部位的装饰品，常用的材料有贝壳、石头、动物的牙齿和骨头等。随着历史的不断前进，装饰艺术也随着时代的不同，产生了不同的风格，秦汉时期的雄大气魄，魏晋南北朝时期的万千，隋唐时期的人本回归……。到了清代，装饰艺术已趋于繁琐的程式化，吉祥图案盛行。

传统建筑具有很高的文化和艺术价值，这在建筑装饰，包括装饰题材、质地、色彩、式样等方面都有所体现。计成在《园冶》中有“凡造作难于装修”，从中可见装饰的难度与重要性。装饰的优劣程度可以看出建筑档次的高低，并反映出审美水平和审美取向。

传统中，常会使用精巧自由的砖木雕刻、吉祥彩绘、青砖小瓦，体现出独特的装饰艺术，装饰的对象大多与建筑结构紧密结合，存在着实用价值。例如，花格窗上的图案除了美观外还有利于糊纸夹纱，屋顶吻兽可以对屋面提供保护，油饰彩画能对木材加以保护。

漫川关古镇，受到自然环境、移民以及商业文化的影响，建筑装饰较为华丽繁琐，尤其是会馆建筑，商人们为了显示自己的经济实力，建筑可说是雕梁画栋，满布雕饰（见图 4-1-1）；普通民居更多地反映出与自然环境的协调统一，色调以黑白灰为主，古朴典雅，带有一定的荆楚地域文化特色。

图 4-1-1　双戏楼檐下花板雕饰

4.1　装饰意匠

4. 1. 1　历史文化的影响

漫川关古镇位于山清水秀的自然环境之中，资源丰富，再加上拥有便利发达的水陆交通，使之成为这一带地区经济繁荣的商埠大镇。尤其是明清时期，这里连通了陕西关中地区到湖北江汉平原地区之间的贸易往来，也吸收了秦、楚、湘等地的建筑特色和社会风俗，形成多元化的地域文化特色，这在古镇的装饰艺术上也有所体现，从装饰材料的选择，到装饰题材的选择，都从一定角度反映出当地的民风民俗，具有较高的人文价值和艺术价值。

漫川关古镇会馆众多，装饰比一般民居更为华丽、丰富，并带有明显的移民文化特色。例如骡帮会馆的马王庙，其前殿檐下的额枋，满布雕饰，以二龙戏珠为主题，但龙身凤尾，口吐凤尾花，华丽并带有荆楚风格（见图 4-1-2）。

图 4-1-2 特殊的龙造型

古镇的双戏楼，造型独特，构件精雕细刻，多以吉祥器物、花卉以及戏文故事为题材，尤其屋檐之下的额枋，内容丰富，生动活泼。这里曾是古镇往来商客聚会交流的重要场所，因此华丽而富于装饰，以木雕为主，内容更为复杂，立体感也更强，栩栩如生（见图 4-1-3）。

图 4-1-3 双戏楼檐下立体木雕

4.1.2 古镇色彩

古镇四周山环水绕，山上植被茂盛，常年郁郁葱葱，河水清澈，再加上蓝天白云，一幅天然的美丽风光。古镇的色调质朴典雅，青色的石板路，或白或青的砖墙，黝黑的铺板门和青灰瓦，与周边的自然环境形成鲜明的对比，却又互为因借，融为一体，充满了田园风光之美。

古镇的主街明清街体现了古镇主要的建筑风貌。老街装饰丰富，起伏多变的封火山墙，石头基层并混合着茅草的土坯墙，饱经风霜的梁架，做工考究的撑栱，精雕细琢的隔扇心等等。在阳光照耀下，形成丰富的光影效果，再加上青天白云，历史与现代在这里交汇，形成一道独特的风景。

1. 环境色

古镇域外群山环绕，涛涛江水环流而过，再加上晴朗的天空，这自然的山川地理环境奠定了古镇的基本环境色调，红花绿树，蓝天白云，色彩艳丽（见图 4-1-4）。

图 4-1-4　古镇环境色彩

2. 建筑色

青色鹅卵石铺砌的街道，桐油刷过的漆黑铺板门，或青或白的墙面，青灰色的瓦屋面，形成了古镇本身的基本色调。以青、白、黑为主的色彩基调下，古镇建筑显得深沉而内敛，质朴而恬静，体现了历史的沧桑（见图 4-1-5）。

图 4-1-5 古镇建筑色彩

3. 生活色

建筑没有生命，但有了人之后，就立刻鲜活起来，古镇的色彩也因为有人生活而多了生活色。老街上悬挂的色彩斑斓的油纸伞；家家户户过年时悬挂的大红灯笼；大门上鲜活生动、色彩鲜艳的年画；商铺门口摆放的各种山货特产。这些颜色充斥在古镇的角角落落，为古镇带来生命力（见图 4-1-6）。

图 4-1-6　古镇生活色彩

4. 1. 3 装饰题材

古镇的建筑处处都有装饰，题材种类多样，大多运用象征、隐喻、谐音等手法，来表达其丰富的文化内涵。

1. 几何图案

几何图案是古镇中运用最多的一类，这是因为几何形状施工方便、节约材料。这类纹饰是由各种直线和曲线组合而成的方形、圆形、六角形、八角形、十字形以及冰裂纹、斜向纹等多种几何纹理。经过一定规则的排列最终形成规则或不规则图形，有强烈的秩序感和韵律感，在门窗的花心部分常常使用，大都有着吉祥寓意。例如步步锦象征步步高升，前程似锦；龟背锦象征长寿平安等。

2. 吉祥图案

吉祥图案是我国古代装饰图案的重要组成部分，这些图案本身，尤其是它们的组合，都带有吉祥的寓意。它是将吉祥语和图案完美结合的艺术形式，在民居建筑中流行甚广，也是我国世代劳动人民为追求美好生活而创造出来，是我国古代劳动人民智慧的结晶。

吉祥图案通常是利用花卉、鸟兽、人物、器物，甚至是字体等形象，表现或组合表现出不同的吉祥意义，有借喻、有比拟，有双关，有谐音，有象征，总之都是为了表现出“吉祥”的寓意，寄托了人们的美好愿望。例如，喜上眉梢、松鹤延年等。由于这类图案有着非常好的寓意，所以被广泛地运用到建筑的各个部分，例如照壁、梁枋、门窗、柱础等。

古镇中使用的吉祥图案很多，主要可以分为下面几类：

(1) 纹样装饰

万字纹，是我国古代最为常见的纹样之一，这个符号来自古代印度、希腊等国家，被看作是太阳或火的象征，后来成为佛教的一种标志物，据说当释迦牟尼修炼成佛时胸前出现了这种图形，表示幸福吉祥之意（见图 4-1-7）。

图 4-1-7 万字纹

如意纹，与佛教、道教都有一定的关系。《释家要览》上说："如意之制，盖心之表也，故菩萨执之，状如云叶"。"如意"二字表示做事能如愿以偿。因此，佛教中的如意便渐渐成为一种吉祥的象征。在道教中，如意则是灵芝草和祥云的组合。在我国民间，智慧人们又将如意发展演变，创造出形如祥云凝聚般的如意纹，成为我国装饰中最常用的图案之一（见图 4-1-8）。

图 4-1-8 如意纹

云纹，是建筑上常用的一种装饰纹样，象征着高升和如意，应用十分广泛。常常和龙的形象一起出现，《易经·乾卦》有载："云从龙，风从虎，圣人作而万物睹"。龙在云中行，吞云吐雾，若隐若现。古镇中武昌馆保留下来的"忠烈宫"石碑上，就有云纹装饰（见图 4-1-9）。

图 4-1-9 石碑“云从龙”图案

夔纹，在《山海经·大荒东经》中有记：“有兽，状如牛，苍身而无角，一足，名曰夔”。夔的形象在古代铜器上常见到，但已经很简化和图案化了，其特征是头部不大，其身曲折拐弯形如回纹，如果夔身与龙头相结合则成夔龙，也是青铜器上常见的纹样，这些夔或者夔龙已经看不出是“状如牛，苍身而无角”之形，但仍具有作为神兽的神秘意义，尤其与神龙结合更增添了它的神圣性。古镇受到荆楚文化中浪漫神秘的审美影响，建筑装饰上有许多地方使用夔纹装饰（见图 4-1-10）。

图 4-1-10 夔纹装饰

文字装饰，古镇中也有直接用文字进行装饰的，主要有“福、禄、寿、喜”等表示吉祥的文字。

（2）动物形象

动物类图案常用龙、凤、鹤、鹿、麒麟、凤凰、猴子、马、蝙蝠、鱼等寓意明确的动物。

龙：在古代本是皇帝专用的符号，穿龙袍，坐龙椅，住的宫殿也常有龙的形象。古镇本不该有龙的形象，在古代这是僭越，但到了清末，皇权衰落，在地方市镇更是无人管束，因此，在古镇的建筑上也看到了龙的形象。

凤：古镇地处秦楚文化的交界处，深受荆楚文化的影响，对凤的崇拜就是一种突出的表现。因此，在古镇的建筑中，常看到凤的形象（见图 4-1-11）。凤凰为百鸟之王，不仅形象美丽，又是祥瑞之鸟，象征美好和平。

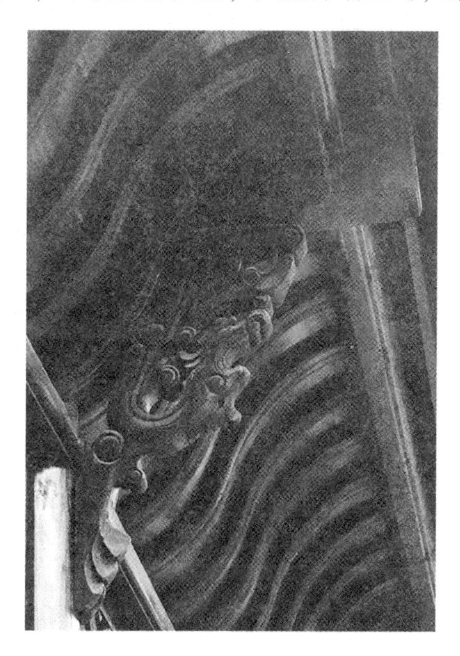

图 4-1-11 撑栱上的凤

狮子：是兽中之王，在佛教中常被当作护法兽，传到中国后，它成为守护大门的护门神兽，也是威武的象征。建筑大门前一对狮子左右并列，右为足抚幼狮的母狮，左为足踏绣球的雄狮，这样的布置已经成为固定的横式了。武昌馆山门前原有一对石狮子，现藏于商洛市博物馆。除了建筑的大门口，狮子的形象也被用于其他地方。在古镇中，上至墀头，下至柱础，都可看到狮子活灵活现，憨态可掬的形象（见图 4-1-12）。

图 4-1-12　古镇中的狮子形象

麒麟：是中国传统的瑞兽，根据《索隐》记载："其状麇身，牛尾，狼蹄，一角"。其形象为一四足兽，但头似龙头，身披麟甲，性情温和，传说能活两千年。古人认为，麒麟出没处，必有祥瑞，因此常被用作吉祥的装饰题材。

虎：为山中之王，也是古代五灵兽之一，象征着权威，寓意着吉祥。古镇中也有用老虎作为装饰题材的。

蝙蝠：现实世界的蝙蝠，颜色灰暗，白天躲在黑暗中，怕见光亮。但因为有个好听的名字，蝙蝠的谐音为“遍福”，寓意遍地是福，所以是几乎所有传统建筑装饰中，必不可少的一种。这个其貌不扬的动物，经过工匠之手，其形象大大被美化了，有的简直像是张开翅膀的花蝴蝶。古镇的建筑用蝙蝠装饰的部位极多，山墙上、柱础上、柁墩上，随处可见（见图 4-1-13）。蝙蝠还可以和其他动植物或吉祥图案放在一起，组成吉祥寓意，比如蝙蝠和“寿”字一起组成“五福捧寿”。

图 4-1-13　柱础上的蝙蝠

鱼：原始人使用的陶器上就开始有鱼的形象了。因为鱼产卵极多，繁殖能力很强，因此，象征着多子多孙，这在十分重视家族衍生的中国古代具有重要的象征意义。鱼与龙同为水生动物，但龙为神物，鱼只是凡物，传说鱼经过长期修炼，待功夫深了，跳过一道龙门即可升天而成为神龙，这就是“鲤鱼跳龙门”的神话故事，有着勤修苦练就可跃入仕途，升官发财的美好寓意，在古镇也有这样的装饰图案（见图 4-1-14）。

图 4-1-14 鲤鱼跃龙门

马：马本是勤劳的象征，再加上古镇有座马王庙，因此，马也成为古镇特有的一种装饰题材，大多采用奔跑的形象，四蹄腾空，马鬃飘起，神采飞扬（见图 4-1-15）。

图 4-1-15 骏马奔腾

鹿：与“禄”同音，在古代建筑中常以鹿为装饰图案，再搭配其他动植物，形成吉祥的装饰图案（见图 4-1-16）。

图 4-1-16 柱础上的鹿

猴：与“侯”同音，所以也代表了封侯拜相、仕途平顺的吉祥寓意。

（3）植物形象

牡丹：花朵大而艳丽，被称为高贵之花，象征主人家财源滚滚，富贵祥和，是著名的观赏植物。古镇以商起家，几乎家家经商，因此，牡丹成为一种常见的装饰题材，有单独使用的，也有和其他图案组合在一起使用的（见图 4-1-17）。

图 4-1-17 用牡丹装饰的正脊

莲：也是古代建筑中常见的装饰题材，它其实包括花、叶、根茎以及果实几个部分。明朝药学家李时珍在他的《本草纲目》中对莲作了很全面的介绍："莲，产于淤泥而不为泥染；尽于水中，而不为水没。根、茎、花、实几品同，清净济用，群美兼得"。莲，无论是根、茎、花、实，都与众不同，荷花产于污泥而不为泥染；居于水中而不为水没；藕根生于卑污而能洁白自若；质柔而能穿坚，居下而有节。这些都是人生中重要的道德观，再加上荷花本身所具的形式之美，所以莲荷在建筑上成为连绵两千年常用不衰的装饰题材。古镇的建筑上也有莲的身影（见图 4-1-18）。

梅兰竹菊：被誉为四君子，其幽芳逸致，清高风骨，千百年来始终是国人孜孜以求的品质。梅花在冬季迎寒开放，是花中傲而高洁者，它使人能感受到一份坚强和高尚。因此古代人常用梅花来比喻具有顽强拼搏精神及心志高洁的人士。兰花，象征品质高洁的品质。竹子中空，常被比喻为谦谦君子。梅花和喜鹊组合，称为"喜鹊登梅"或"喜上眉梢"。梅花还与牡丹、莲花、菊花并称为"四季花"，分别代表春、夏、秋、冬四个季节。吉祥图案中的"四季平安"，就是以"四季花"为表现题材。

葡萄：象征多子多福。藤蔓连绵不绝，也有长寿的吉祥寓意。

卷草：卷草最初是随着佛教传入的忍冬草纹样，三瓣或四瓣的叶子排列在一起，或是在波形的长梗上生出叶瓣组成为长条的边饰。这种外来的卷草纹经过中国工匠的手，逐渐融入了中国传统的风格，使卷草叶的线条变流畅了，叶形变饱满了，花饰的整体感也加强了。并且和牡丹花、莲花组织到一起，在连绵不断的花梗左右，花叶更加丰实，线条变得潇洒飘逸。它象征着华丽与富贵，缠连不断也是对长寿、多子多孙的渴望。

图 4-1-18 柱础上的莲花

（4）博古器物

博古，有博通古物、通古博今之意，是古代文人有学识的标志。古物中常为文人所用所玩赏的有鼎、瓶、文房四宝及各式盆景等，把这些器物陈列在柜架上以供观赏，就是博古架。这些器物也成了建筑装饰中常用主题，并和其他题材组合形成吉祥的象征意义，例如瓶中插几枝四季花卉或三把戟，寓意“四季平安”和“平升三级”。

八仙是中国古代民间流传很广的神仙。他们手中的法器，也成为装饰的题材，称为“暗八仙”，例如铁拐李的葫芦、汉钟离的掌扇等，这些法器有着降妖镇宅、趋吉避凶的寓意（见图 4-1-19）。

图 4-1-19 柱础上的暗八仙

3. 历史人物、传说人物

这类题材中出现的人物大多是在历史上被尊敬崇拜，尤其是在民间广泛流传的历史名人，或者在著名的文学作品以及戏曲中出现的人物，还有各种民间信仰的神仙等，例如八仙的人物形象就常会出现。这类题材一般会形成一幅画面，所以在门的裙板、额枋、柱础、照壁、装饰墙等部位常常使用。

4.1.4 艺术手法

1. 雕刻

雕刻艺术，在古镇中应用广泛，工艺精湛，并将当地带有地域文化特色的民风民俗题材融入到雕刻之中，有着极高的研究和观赏价值，可以分为木雕、石雕和砖雕三种类型。

古镇传统建筑中木雕应用最为广泛，梁架、门窗，雀替，撑拱，挂落，落地罩等都富于雕饰（见图4-1-20）。雕刻题材有吉祥图案、花卉、动物等图案，工艺表现形式有圆雕，浮雕，透雕，阴刻平面等，作品生动形象，富于变化。

图4-1-20 翼角檐下木雕

古镇的石雕作品主要集中在柱础上。石雕历史由来已久，梁思成先生曾这样评价石雕：艺术之始，雕塑为先，盖在先民穴居野处之时，必先凿石为器，以谋生存，其后既有居室，乃作绘事，故雕塑之术，实始于石器时代，艺术之最古者也。宋《营造法式·石作制度》中记载："其雕镌制度有四等：一曰剔地起突，二曰压地隐起华，三曰减地平钑，四曰素平"。剔地起突就是立体雕刻或称圆雕，压地隐起华就是在平整的石面上，把雕刻题材的部分凿去一层，对题材进行加工雕刻，但它们的最高部分不得超过石面；减地平钑是把题材以外部分浅浅铲去一层作为底面，但题材的加工只限于浅浅地用线条刻划，不做高低起伏的雕琢；素平只是把石面打磨平整，不做雕琢（见图4-1-21）。这四种雕刻手法通俗地说就是高雕、深浮雕、浅浮雕和线雕。古镇中这四种手法都有所体现。例如，北会馆外栏杆上的柱头，就属于高雕；忠烈宫石碑上的龙与云纹属于高浮雕；柱础上的花卉及夔紋属于浅浮雕；也有一些柱础采用素平。

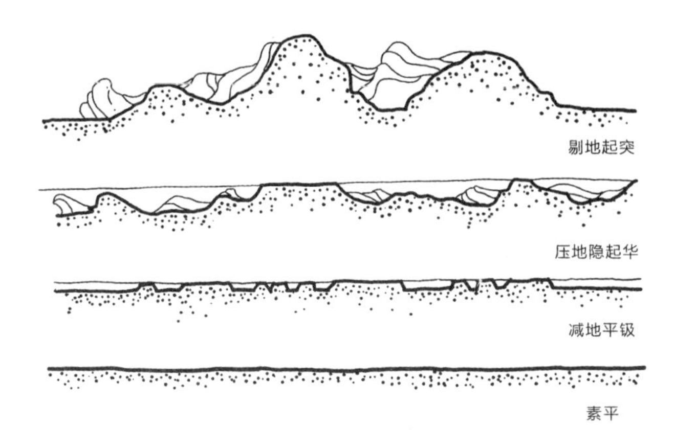

图 4-1-21 《营造法式》雕刻制度

古镇的砖雕主要集中在墀头、封火山墙以及屋脊上。装饰题材有花卉，吉祥图案，动物等，工艺表现形式有高雕，也有浅浮雕（见图 4-1-22）。

图 4-1-22 封火山墙上的砖雕

2. 彩画

古镇中许多建筑都施有彩画，漫川关古镇的彩画以黑、白、蓝、黄为主，色彩素雅，大多只用在山墙部位，建筑常施彩画的部分例如额枋、雀替等，多以土漆或桐油处理，木构架的部分大多为黑色或者桐油的深棕色，显得古朴端庄（见图 4-1-23）。

图 4-1-23 山墙上的彩画

3. 堆砌

堆砌方法最为简易，多用于屋顶的脊饰，采用小青瓦堆砌成各种图案，如钱币形、宝塔形、花形等，在普通民居中使用较多，简洁灵活，通透轻巧，造型独特，不施色彩，质朴中透出灵动。

古镇的装饰虽有很多有所损毁，或是日久蒙尘，但仍能感受到这些装饰中所包含的高超技艺和质朴的风土民情。这里的民居，没有北京建筑的富丽堂皇，没有江南水乡的文雅秀丽，但它质朴自然，带有浓郁的乡土气息和地域特征。

4.2 装饰部位

4.2.1 雕梁画栋

1. 柱子与梁枋

（1）柱子与柱础

古镇建筑的柱子大多采用直柱，抬梁式结构的柱子粗壮有力，穿斗式结构的则显得较为纤细。柱子大多为黑色或深棕色，质朴素雅。与柱子关系紧密的莫过于柱础。

柱础本是用来保护柱子根部不受水或潮气侵蚀外，由于位置引人注目，也成为建筑装饰的一个重要部位。在宋《营造法式》中有关于柱础上雕饰的记载：“其所造华文制度有十一品：一日海石榴华；二日宝相华；三曰牡丹华；四曰惠草；五日云文；六曰水浪；七曰宝山；八曰宝阶；九曰铺地莲华；十曰仰覆莲华；十一日宝装莲华。或于华文之内，间以龙凤狮兽及化生之类者，随其所宜分布用之”。在雕法工艺上也有相应的规定：“如素平及覆盆，用减地平钑、压地隐起华、剔地起突；亦有施减地平钑及压地隐起于莲华瓣上者，谓之宝装莲华”。从中可以看出，柱础在装饰上不仅十分讲究，而且形成了一些制式的做法。各地的古建筑又形成了许多带有地域文化特色的做法。

漫川关古镇的柱础造型复杂，富于装饰，具有以下几个特点：

首先，柱础高度较大。由于地处南方，降雨量较大，再加上靳家河在历史上也常常发水，所以古镇的柱础整体高度较大，基本在 45 至 60 厘米之间，大约占柱高的十分之一左右。

其次，从形式上看，柱础大多分为上中下三个部分，上部大多采用鼓形，有圆形的鼓，也有方形的，鼓上大多有阴刻的装饰图案，有的采用如意纹，也有的模仿南瓜等雕刻瓜楞纹（见图 4-2-1）；中部为向内收的束腰，平面形状有方有圆，还有六角形或八角形；下部多为方形的基座，复杂的会由多层组成，并逐渐向上收进。

图 4-2-1 鼓形柱础

最后，柱础的装饰主题多样。古镇柱础上的装饰主题有动物、植物、吉祥纹饰以及人物故事等主题（见图 4-2-2）。

图 4-2-2 不同装饰主题的柱础

①动物

古镇的柱础上有诸多动物，如狮子、麒麟、骏马、小鹿、鲤鱼、蝙蝠等，个个活灵活现，栩栩如生。

②植物

植物也是柱础上重要的装饰主题，有荷花、梅花、葡萄、蔓草、松树等，有独立成图的，也有与其他动物组合成吉祥图案的。

③吉祥纹饰

古镇中的柱础上使用了许多吉祥纹饰，其中最常用的有吉祥纹和夔紋。吉祥纹适宜多种构图，可以连续使用成为带状边饰。

④人物故事

也有的柱础上以人物故事为装饰图案，图案上有两个大人在交谈，一小儿躲在松树之后，手持蒲扇，似在躲藏，人物动作自然，衣着逼真，栩栩如生。

柱础一

这个柱础是马王庙前殿廊下的柱础（见图 4-2-3），分为三部分，类似须弥座的做法，下部是正方形基座，中间是方形束腰，基座与束腰之间有一道下枭，下枭与束腰在转角处都做亚字形处理，更显得精致；上部是方形鼓座，四角也做亚字形处理，鼓座四面均有一幅石雕画卷，每面各不相同；按照顺时针方向，第一幅是麒麟踏浪，麒麟做奔腾状，下面有江水翻滚，整幅画构图饱满，活灵活现。

图 4-2-3 马王庙前廊柱础

柱础二

这个柱础位于马王庙前殿大门前，由三部分组成，下部基座有两层，下层为正方形，上层为正八边形，中部束腰为圆形，上部由两部分组成，主体为鼓蹬，表面素平，鼓蹬下面有一圈莲瓣装饰，鼓蹬上面有八边形华盖，华盖上满布浅浮雕，在每个角上为倒悬蝙蝠，蝙蝠之间为三角形云纹，构图饱满，寓意遍地是福（见图4-2-4）。

图4-2-4 马王庙前殿柱础

柱础三

这个柱础位于马王庙厢房正面角柱处，由三部分组成，下部基座有两层，下层为正方形，上层为缩进的两层八边形，中部为八边形束腰，上部为八边形柱墩，与墙壁镶嵌在一起，露在外面的有五个面，每个面画面各不相同，与建筑正面和侧面平行的为主画面，南面厢房的主题是“渔樵耕读”（见图4-2-5），北面厢房的主题是“暗八仙”，也就是八仙手中拿的法器。

图4-2-5 马王庙南面厢房柱础

（2）梁枋

古镇建筑的大梁做法简捷，大多为直梁，也有个别建筑大梁用的木头天然弯曲，倒也有几分乡野雅趣。古镇一些建筑的檐廊上，梁的跨度不大，但断面不小，有些为了配合弧形吊顶也将上部做成弧形，并且满布雕饰，做工精致，美不胜收。

2. 柁墩

柁墩是位于上下两层梁枋之间能将上梁承受的重量迅速传到下梁的木墩或者说方形的木块上，作用与瓜柱相同，但柁墩的高度小于其宽度。从功能上说，柁墩只需要一个方形木块就可以了，但工匠们常常对它精雕细琢，除了满足功能的需求之外，也成为装饰的重点（见图 4-2-6）。

图 4-2-6 带有柁墩的梁架

古镇的梁架上多用柁墩，做法十分讲究，形状类似梯形，轮廓有直线或曲线两种，曲线轮廓更加轻巧灵动。表面满布雕刻，雕刻内容有建筑、有花卉以及纹饰。造型自由独特，带有浓郁的地方特色。

3. 撑栱与牛腿

撑栱是在檐柱外侧用以支撑挑檐檩或挑檐枋的斜向构件，其上部是由柱子伸出的挑枋承托挑檐檩或挑檐枋。主要起支撑建筑外檐与檩之间承受力的作用，使外挑的屋檐达到遮风避雨的效果，又能将其重力传到檐柱，使其更加稳固。

在明初期撑栱仅仅是一根较细窄的能够支撑斜木的棍，杆形状，只在棍、杆上稍微雕凿一些竹节、花鸟、松树之类非常简练的浅雕。明中期的撑拱演变成倒挂龙形。到了清代，撑栱又改为斜木形。明朝中叶以前，撑栱上是没有雕花的，最多就是几道浅凹线。其后的古建筑中多以卷草、灵芝、竹、云或鸟兽、戏曲人物等纹样雕刻在撑栱上，增加了外檐的装饰效果。

在荆襄之地撑栱应用极广，漫川关古镇由于受到楚地文化的影响，建筑中也常使用撑栱，并且其上满布雕饰，制作精美华丽，是装饰的重点。

牛腿，就是把撑拱与柱子之间的三角形空当联为一体，原本是一根木棍或木条的撑拱变成了直角三角形的构件，称为“牛腿”。牛腿在结构上的功能与撑拱一样，支撑着屋顶的出檐，只是构件大了，自身重了。所以由撑拱发展为牛腿主要是为了装饰需要，从结构上则完全不必。古镇中使用撑栱较多，牛腿相对少一些，图中的牛腿呈直角梯形，采用夔纹进行装饰，充满了神秘色彩。

4.2.2 屋顶装饰

1. 美丽的山花

在古代建筑的屋顶中，如果采用硬山、悬山或者歇山屋顶时，前后两屋面相交后在两山形成三角形的区域，由于经常在这个区域使用雕刻或彩绘进行装饰，所以称为“山花”。古镇的建筑大多数由于使用封火山墙，所以基本都是硬山顶，只有双戏楼是歇山顶，但也用的是类似于硬山山花的做法，并在三角部位施以如意、蝙蝠构成的黑白两色吉祥图案。

硬山顶上架设的檩头被封在山墙内侧，所以从功能上说山墙只要砌成一道完整的砖墙就行了，根本不需要博风板、悬鱼、惹草之类的构件和装饰。但这样一面光墙实在难看，总要在山花部分进行一些装饰才能满足大家的审美需求。因此，硬山的山花装饰大多仿照悬山山花搏风板和悬鱼的形式，用砖砌成宽宽的三角形两边，相当于博风板；在三角形的顶点位置放置砖雕伸出三角形，相当于悬鱼；再在山墙上三角形的区域绘制上彩绘，如此装饰过后才算完美（见图 4-2-7）。这种情况在古建筑中比比皆是，比如石头做的栏杆，样式做法都完全模仿木制栏杆。

图 4-2-7 硬山山花

古镇的建筑多为硬山顶，因此，山花就成了装饰的重点，砖砌的“博风板”层层叠叠，充满装饰线脚，三角形墙面上所施彩绘，更是带有浓郁的荆楚风格。让我们一点一点来分析，先说说砖砌的“博风板”，形状与悬山屋顶木制的博风板很相似，突出山墙表面，但与山墙墙面之间用线脚来过渡，更加自然和谐；在博风板与山墙一起形成的三角形区域内，常采用灰白色调的彩绘，多以如意和蝙蝠为装饰主题，有吉祥多福的寓意。

2. 屋面做法及装饰

古镇建筑的屋顶采用仰瓦屋面。仰瓦屋面是指屋面铺瓦全部为凹面向上的形式，即由板瓦仰面成行铺设但在两行之间紧紧相连而不留空隙，在两行板瓦接缝处用泥灰填实以防止漏水。这种屋面没有合瓦，是一种比较简单、朴素的铺瓦形式。这种做法总体用瓦数量少，屋面重量减轻，减少了屋顶木结构的承重，造价也较低。这种屋面只使用板瓦，不使用筒瓦。古镇采用小青板瓦，有一定的弧度，凹面向上，自然形成排水弧面，雨水顺着排水瓦沟排走。

比较讲究的屋面在檐口处有使用滴水瓦。滴水瓦是在一张仰瓦端部附有滴水唇，其形状为上平下尖的三角形，为了美观，两侧做成如意曲线形。滴水瓦与沟瓦成大约 30° 倾角，便于把雨水抛得更远。椽头外露，显得质朴古拙。

3. 正脊

屋顶的另一个装饰重点是正脊，装饰也丰富多样，多用一些具有代表性的图案表达一定的内涵，例如花卉等题材。屋顶装饰的重点是脊饰，主要是视觉上效果的需要。古镇的屋脊分为两类，青瓦屋脊和灰塑屋脊，青瓦屋脊是直接用瓦片叠加、堆砌而成。

古镇的正脊的装饰有两种不同的风格。

(1) 漏空正脊

这种装饰方式有两个作用，一方面，便于通风，以减缓风力对屋脊的冲击破坏程度；另一方面，还可以通过花砖的暖色调同屋脊边框的冷色调形成色彩对比，另外，鱼尾还有镇火的作用，体现了丰富的民俗文化内涵。

(2) 实心正脊

这种装饰方式较为普遍。一种做法是屋脊为实心，其外部两侧用砖雕做出装饰图案，题材多为植物纹样，如牡丹、莲花等；另一种是在建筑正脊位置沿大约45°方向铺一垄弧形板瓦，以屋脊正中为分界点，分别斜向两个方向，有用小青瓦拼出不同图案的，有的用花中君子莲花，表示高洁清白，也有的直接拼出外圆中方的钱币形状，表示富贵。

4. 脊刹和正吻

在正脊的中央有脊刹，两侧有正吻，也是装饰的重要部位。

脊刹的位置，原本有固定正脊的钉子，顶头外露，既为了保护，也为了美观，就在钉头的上部做一些装饰来遮盖（见图4-2-8）。

图4-2-8 镂空正脊和脊刹

正吻，出现的时间很早，汉代出土的画像砖石以及建筑明器上都有其形象，当时的正吻看起来像是一只飞鸟的形象。正吻的形象变化极多，有龙，有鸟，有鱼，多取水之意，主要因为水能灭火。古镇的正吻大多为龙首鱼尾，口含宝珠，身披麟甲，栩栩如生（见图4-2-9）。

图 4-2-9 正吻

5. 封火山墙

古镇的建筑基本都有封火山墙，这是由湖北、湖南地区迁来的居民所带来的当地的建筑特征。古镇的封火山墙主要是阶梯式。有一阶的也有二阶的，主要看建筑的体量和规模，普通民居大多为一阶（见图 4-2-10）。

图 4-2-10 一阶封火山墙

封火山墙的做法很简单，是将房屋两端的山墙升高，超过屋面及屋背，在高出屋面墙头的部分会模仿屋顶的样式进行装饰。古镇民居建筑密度较大，不利于防火的矛盾比较突出，而高高的封火山墙，能在相邻民居发生火灾的情况下，起着隔断火源，阻止火势蔓延的作用。“如鸟斯革，如翚斯飞”，高低错落的形式丰富了建筑轮廓线，产生了富有动感的美。

4.2.3 门户之美

“凿户牖以为室，当其无，有室之用”，这句话说明了门窗在建筑中不可或缺的作用。门窗隔扇是中国传统建筑装饰的重点，或清雅秀丽，或繁复精细，雕刻内容多种多样，具有丰富的人文内涵，久而久之，形成一种特殊的木文化。

1. 门

古镇的门，形式多样，主要可以分为下面几类。

（1）铺板门

铺板门主要用于宅院前面店铺门面部分，用木板做框，里面镶钉较薄的木板，轻巧省力，便于搬动。夜间放在木板后的横木称为光子。当地盛产核桃，所以门板一般用结实耐磨的核桃木或漆木板做成，刷上黑色土漆，十分光洁明亮，门墩为石雕花卉或吉祥小动物。这样的门白天商铺营业的时候，就会一块一块整齐地摆在一边，到了傍晚店铺歇业的时候又一块一块地装上去，形成不同的立面效果（见图 4-2-11）。

图 4-2-11　铺板门

（2）隔扇门

隔扇门多用于院内正房和厢房的门，一般为 4、6、8 扇，每扇宽度根据建筑面阔大小以及门扇数量有所变动。古镇的建筑有上下两层，所以基本都是由三道抹头，隔扇心和裙板组成。隔扇门的装饰重点是隔扇心、绦环板以及裙板。隔扇心的装饰图案多样，将和隔扇窗一起介绍。

门一：武昌馆前殿隔扇门

武昌馆前殿的隔扇门为龟背锦，龟背形状与格子巧妙地结合在一起，有变化却不突兀，在整齐划一中寻求变化（见图 4-2-12）。

图 4-2-12 武昌馆前殿隔扇门

门二：关帝庙前殿隔扇门

关帝庙前殿的隔扇门为格子门，只有简单的横条和竖条，简洁大方（见图 4-2-13）。

图 4-2-13 关帝庙前殿隔扇门

（3）门脸

古镇中还有一种住宅大门，由于建筑外立面是厚厚的砖墙，门洞不大，为了增添大门的气势，就在门洞上面增加了一种门头装饰，称作“门脸”。这种门脸基本都是用砖做的，在大门的上端，用砖贴在墙上，做出屋顶的式样，有梁枋，屋顶上也有屋脊、吻兽等装饰，制作精美（见图 4-2-14）。

图 4-2-14 黄家药铺正门

2. 窗

古镇的窗按照位置不同装饰也不同，大致可以分为四种，第一种是位于外立面二层阁楼上，装饰较为简单，大多不能开启，主要功能是采光和通风，多采用方格纹或龟背锦，也有个别讲究的房子窗子也装饰得较为华丽（见图 4-2-15）。

图 4-2-15　外立面阁楼上的窗

第二种是用在建筑一层的槛窗。槛窗是建筑中比较重要的装饰部位，厢房无论多大一般都为一明两暗，窗扇宽度因房屋开间的不同而有所不同，一般在 35~85 厘米不等，隔扇心有各种图案变化（见图 4-2-16）。

图 4-2-16　槛窗

第三种是位于天井四周房屋高处的漏窗，与沿街立面上的窗功能一样，多数不能开启，主要是为了采光和通风，但装饰得较为精美华丽（见图 4-2-17）。

图 4-2-17　天井四周房屋的漏窗

古镇传统建筑中门窗隔扇心的装饰图案丰富多样，根据其基本形式，分为步步锦、龟背锦、方格纹、亚字纹以及由各种基本形式相互嵌套衍生出的图案等。

（1）步步锦

步步锦窗格是一副有规则的几何图案，该图案主要由直棂和横棂组成。横棂和直棂始终在进行有规律的变化，直、横棂由外长内短相隔形成步步变化的图案。步步锦窗棂花有极为美好吉祥的寓意内涵，象征官员步步高升、生活的前途似锦。古镇居民将步步锦用于建筑窗棂，反映了建筑主人希望家人事业有成、子孙后代发达，做官得到步步高攀的美好愿望。

步步锦以一些简洁的方形为基本形式，经巧妙组合形成形式丰富变化、意趣盎然的生活图案，给人以美的享受和文化的积淀，表达了人民对美好、幸福生活的良好愿望。

（2）工字亚形

工字亚形画面简洁但不失活泼，寓意健康乐观，凝结了劳动人民创造生活的高超技能，表达了当地居民对美好生活的祈盼。

（3）灯笼锦

灯笼锦窗格是各式灯笼的象形图案，古镇中的灯笼锦图案的格心以透空为主，不加任何装饰，仅以窗棂来构成灯笼形状。其图案题材丰富，结构质朴简洁，易于装修，工艺精湛而令建筑装饰在赏心悦目之上得到升华，同时灯笼锦又内涵前途光明、事业有成之意。

（4）龟背锦

龟背锦为古镇使用很普遍的窗棂图案之一，以八角形为基本元素，常与方格网、如意等图案巧妙结合，或多个龟背锦相互套用，形式丰富多变。龟背锦窗格心图案不仅规整美观，而且用龟壳形状引喻灵龟，是长寿平安的象征。出于这种原因，龟背锦图案窗棂尤其受到古镇居民的喜爱。

4.2.4 其他装饰

1. 藻井

藻井是房屋顶棚的一种形式，它的形态和做法都比平闇、平棊复杂。藻井位于殿堂天花的中心位置，往往与宫殿中帝王御座和佛殿中佛像位置上下相对应，起到重点装饰的作用。宋《营造法式》释读为：“藻井，当栋中，交木如井，画以藻文，饰以莲茎，缀其根于井中，其华下垂，故云倒也”。中国古代建筑采用木结构，最怕火灾，所以用与水有关联的动物和植物作装饰以取得灭火的象征意义，这就是在室内藻井中出现荷类植物作装饰的原因。

古镇的戏楼上，唱戏的台子上方也做有藻井，呈八角形，如此做的目的一方面是美观，突显戏台的位置，另一方面，也起到一定声学效果，这个在前文已经讲过，不再赘述。

2. 墀头

墀头，中国古代传统建筑构件之一，伴随着硬山墙的出现而产生。硬山墙是将山墙伸出两山屋面来保护山面木构架，墀头占据了衔接山墙与房檐瓦的部分。在明代砖的生产大发展之后开始普遍使用。山墙伸出至檐柱之外的部分，突出在两边山墙边檐，用以支撑前后出檐。本来承担着屋顶排水和边墙挡水的双重作用，但由于它特殊的位置，远远看去，像房屋昂扬的颈部，于是成为装饰的重点。墀头虽小，但位置特殊，装饰得好，就鲜活了墙头屋顶，表达了屋主是对美好生活的向往，对封侯拜相的渴望，对清高雅逸的追求。

墀头俗称“腿子”，或“马头”，多由叠涩出挑后加以打磨装饰而成，所以成对使用。墀头一般由上、中、下三部分组成，上部以檐收顶，为戗檐板，呈弧形，起挑檐作用。中部称炉口，是装饰的主体，形制和图案有多种式样。下部多似须弥座，叫炉腿，有的也叫兀凳腿或花墩。墀头的装饰简繁不一，简单的则全无雕饰，只叠合多层枭混线。而复杂的基本涵盖了中国传统文化中各类吉祥图案，而且许多院落内的墀头中的图案往往取材于同一类吉祥图案或同一组人物故事，具有明显的连贯性和统一性。

漫川关古镇传统建筑中的墀头装饰图案大体上可分五类。一是植物类图案，有梅兰竹菊，牡丹，卷草等。梅兰竹菊四君子，清高风骨，千百年来始终是国人孜孜以求的品质。牡丹，富贵花，象征主人家财源滚滚，富贵祥和。卷草纹连绵不绝，是对长寿、多子多孙的渴望。二是动物类图案，常用鹤、鹿、麒麟、凤凰、猴子、马、蝙蝠等寓意明确的动物（见图 4-2-18）。松、鹤象征延年益寿。鹿寓意高官厚禄。麒麟送子，希望早生贵子，子孙贤德。凤凰，为百鸟之王，不仅形象美丽，又是祥瑞之鸟，象征美好和平。猴子骑在马上寓意马上封侯。蝙蝠取福的谐音。三是器物类图案，主要有四艺图，博古图，与宗教渊源的图案。四艺图指琴棋书画，用来寓意书香雅阁，以鼓励人们求学、读书。博古图，具有琳琅满目、古色古香的艺术效果，表现了主人追求清雅、高贵的意志。四是与宗教渊源的图案，有佛教或道教用品以及宗教生活为内容的图案，如“巴达马”（莲花）、道七珍（珠、方胜、珊瑚、扇子、元宝、盘肠、艾叶）、暗八仙（葫芦、团扇、宝剑、莲花、花笼、鱼鼓、横笛、阴阳板）等。“暗八仙”也有一定的宗教功能，即祈福禳灾。它可以说是道教的符咒之一。除此之外，暗八仙更多的是作为民间吉祥的象征，具有各种民俗功能。五是文字图案，文字本身就具有很好的装饰性，利用汉字的谐音可以作为某种吉祥寓意的表达，这在墀头的装饰运用中也十分普遍。常用的吉祥文字有“福”、“禄”、“寿”、“喜”四个字，都是美好的标志，也是中国人长期追求的幸福生活目标。六是综合类图案，运用多种象征手法，赋予图案更丰富的含义，增加了趣味性和故事性。如植物和动物、植物和人物以及人物和动物的搭配等，更出现了人们喜闻乐见的人物故事和戏曲故事。

图 4-2-18　墀头

5 文化景观视角下的古镇保护与传承

5.1 文化景观理论

5.1.1 文化景观的含义

世界遗产可以分为四大类型：文化遗产、自然遗产、自然和文化双遗产以及文化景观。文化景观是其中最晚形成的。

联合国世界遗产中心对“文化景观”的定义如下：文化景观代表了《保护世界文化和自然遗产公约》第1款中的人与自然共同的作品。它们解释了人类社会和人居环境在物质条件的限制和自然环境提供的机会的影响之下，在来自外部和内部的持续的社会、经济和文化因素作用之下持续的进化。文化景观应在如此的基础上选出：具备突出的普遍价值，能够代表一个清晰定义的文化地理区域，并因此具备解释该区域的本质的和独特的文化要素的能力。文化景观这个词解释了人与自然环境间相互作用的多样性。

以“文化景观”这一概念进行保护的区域，强调了该区域内人和自然之间持续的相互作用，是人类的实践活动对自然环境的作用而形成的景观。费孝通先生说，文化是“From the soil”，从乡土中生长出来的东西。因此，文化景观所反映的就是人类在大地上各式各样的生活方式、习俗等内容，反映了人类与自然交流和抗争的历史。著名的西湖十景苏堤春晓、双峰插云、花港观鱼、柳浪闻莺、三潭印月、曲院风荷、平湖秋月、断桥残雪、南屏晚钟，雷峰夕照，人们正是用这些来表达他们对自身居住场所的欣赏和赞美，既表达了人们和生存环境的关系，也蕴含了丰富的景观形态。

5. 1. 2 文化景观的类型

蔡晴在其著作《基于地域的文化景观保护》一书中，将我国的文化景观分为四类：

1. 历史的设计景观

这一类主要是指被景观建筑师和园艺师按照一定的原则规划或设计的景观作品，或园丁按照地方传统风格培育的景观，这种景观常反映了景观设计理论和实践的趋势，或是著名景观建筑师的代表作品。美学价值在这类作品中占有重要地位，最典型的代表就是传统的私家园林（见图 5-1-1）。

图 5-1-1 网师园

2. 有机进化之残遗物（或化石）景观

这种类型代表着一种联系着历史事件、人物或活动的遗存景观环境，或者过去某段时间已经完结的进化过程。其突出的代表是考古遗址景观（见图 5-1-2）。

图 5-1-2　大明宫遗址公园

3. 有机进化之持续性景观

这一类型大多是使用者在他们的生产生活方式以及行为习惯等影响下而形成的景观，它反映了所属区域的文化和社会特征，功能在这类景观中扮演了重要的角色，它在当今与传统生活方式相联系的社会中，保持一种积极的社会作用，而且其自身演变过程仍在进行之中，同时又展示了历史上其演变发展的物证。它的典型代表是历史文化名村、名镇（见图 5-1-3）。

图 5-1-3　周庄

4. 基于传统审美意识的名胜地景观

这一类型包含了传统的对环境的阐述和欣赏方式，以及自然因素、典型的宗教、艺术和文化相联系为特征，主要包括一些著名的风景名胜区（见图5-1-4）。

图 5-1-4　武当山

5. 1. 3　文化景观保护的原则

文化景观的保护应是多学科共同协作才能实现的，保护的基本原则主要有以下三方面的内容：

1. 可持续发展的原则

“可持续性”原是用于天然林地管理的，其含义是在没有不可接受的损害的情况下，长期保持森林的生产力和可再生性，以及森林生态系统的物种和生态多样性。后来，“可持续性”一词拓展到更广泛的领域中。

文化景观是在特定地域范围内存在的景观，带有明显的地域特征。但是，在全球化的进程中，地域特征逐渐被同化，文化景观地常常对外来的东西不加取舍地“模仿”，逐渐失去了原有的文化特色。可持续发展的原则要求文化景观地必须保持其独特的文化内涵，并将之发扬光大，唯有如此，才能真正保护好文化景观地。

2. 建立保护传统人、地关系的观念

文化景观的定义是：“自然界与人类共同的作品，它们体现了人类与他们所处的自然环境之间存在的长久而亲密的关系”。从这个定义中不难看出，文化景观的概念强调了人与环境的关系，人类的实践行为塑造了环境，同时环境也影响了人类的文化内涵。

因此，文化景观地内的原住民也是必须保护的一部分，正是他们创造了一种能够反映他们的文化的景观，“人—地”关系紧密相连，保护的目标应使这种关系能够继续维持并发展下去。

3. 建立保护区进行保护

文化景观要保护的是一个特定的地域范围，因此，建立专门的保护区，划定保护范围，制定专门的法律法规和管理制度。

5.1.4 古镇风貌构成及价值分析

1. 风貌构成

从文化景观角度分析古镇的风貌构成，明确保护的对象。古镇的风貌主要由自然环境要素、人工环境要素和人文传统要素三部分构成。

（1）自然环境要素

自然环境要素主要指古镇的山水环境，依山面水，风景秀丽，自然天成。

山：漫川关坐落在青龙山、白虎山、峰峦山和落凤坡之间，四面环山，城镇有着良好的自然生态环境。

水：漫川关紧邻靳家河，距离金钱河也不远，镇中也有支流环绕，水系发达，可以开展划船、漂流、观景等水上活动。

在古镇周边有着丰富的旅游资源，天竺山、太极环流、法官乡茶园等自然景观，美不胜收（见图5-1-5）。

图 5-1-5 天竺山

（2）人工环境要素

人工要素主要包括古镇珍贵的会馆建筑、传统的民居街巷和特色的城镇格局构成等内容。

① 会馆建筑

漫川关古镇保留下来骡帮会馆、武昌馆、北会馆等会馆建筑群，规模宏大，装饰华丽，是南北建筑文化在这里融合的代表，也是陕西省现存规模最大的会馆建筑群。

② 民居街巷

古镇老街两侧保留下来众多的传统民居，其中保存完整的有黄家药铺、莲花第等。民居几乎都是天井式前店后宅格局，硬山屋顶，高耸的封火山墙，整体风貌古拙而质朴，是保护的重点。

（3）人文传统要素

人文传统要素主要体现在古代传统的社会风情，以民俗文化和地方习俗为代表，例如各种节庆活动、戏曲表演等。这些内容在第一章中已经详述。

2. 价值分析

从古镇的风貌构成可以看出，古镇既包含物质文化的遗存，也有非物质文化的遗存，如果这些遗存消失，其原生态的文化空间和记忆也会随之消亡。古镇风貌综合体现在自然、社会、建筑三个方面，有着极重要的价值，主要体现在下面几个方面。

(1) 历史文化价值

历史古镇包含了一个地区的物质文化与非物质文化，从其历史建筑形式、建筑所在场所空间形态和历史文化背景、民风民俗等内容中都可以汲取到地方宝贵的特色价值。漫川关古镇的历史文化价值在于其从商业流通不断发展开来的镇区形态，从当地人的生活方式、“窄开间、长进深”的建筑形式中都能够感受到这种地域文化交融的特征。此外，漫川关还拥有独特的戏剧唱腔——“漫川大调”，其词句讲究合辙押韵，曲调委婉缠绵，演唱过程中由一人弹奏三弦，一人用筷子敲打小碟子来伴奏，又或者由一人演唱，多人奏乐伴唱。过去在漫川关的双戏楼上，时常能够响起这样的“漫川大调”。可见，漫川关古镇的历史建筑，不仅仅蕴藏着营造的智慧，更能从中体味到属于陕南、属于漫川关的独特人文风貌。同时建筑也向人们展现了一定历史时期，地方百姓的人际关系、生活态度和经济观念等等，对于历史发展演变和地域文化的研究都大有助益。

(2) 建筑技术及艺术价值

漫川关古镇保存了相当数量的历史建筑，主要是会馆建筑和民居建筑，保存完整，融合了秦楚两地建筑风格而形成独特的建筑形态，具有极高的建筑技术和艺术价值。

在整体布局上，漫川关古镇在明清时期商业的繁荣，使这里出现了大量会馆建筑，南来北往的商人在这里建造属于自己地区或行业的会馆，这些建筑大多采用轴线和天井院来组织建筑群；一些古商铺和古民居建筑，由于古镇经济结构和地缘优势，而形成了许多商住一体的民居形式，“前店后宅”的建筑特征也是一种较为直接且可由民间自行建造的应对地区用地紧张问题的解决方式。古镇老街内的民居大多采用小面宽，大进深的形式。

在建筑结构上，体量较大的建筑多采用抬梁式木构架，有一些也采用抬梁穿斗混合式或者在山墙处采用穿斗式木构架。大梁常常根据材料的情况，或弯或直，不加修饰，也有时根据木材的长度来确定其承载的跨度，并不受官式做法的限制，带有浓郁的地方特色。

在建筑装饰上，没有如南方典型做法上过于繁琐复杂的木构件雕刻和彩绘等工艺，也不像北方地区一些过于简单的建筑装饰，在实用的基础上做出了许多简单而又能凸显特点的造型，是漫川关对南北方建筑文化的融合结果。

(3) 旅游经济价值

在“十二五”期间，山阳县进行了一系列重要的旅游线路规划部署，凭借地域资源、交通和区位环境等优势，确立了“旅游活县”的战略，并积极融入“大秦岭”旅游板块和“秦岭最美是商洛”的“旅游名片”之中。漫川关古镇作为山阳县旅游开发的战略要点和全县的旅游总体规划的一个中心，与天竺山国家森林公园、月亮洞省级风景名胜区—天蓬山寨景区和金钱河百里生态旅游长廊（带）共同构成了“三景一带”的旅游空间大格局。

古镇老街景区和以北的前店子“漫川人家”、现代农业休闲观光商贸综合服务区，都是基于漫川古镇扩散形成的集秦楚文化、古商贸文化、古今建筑、乡土民俗体验和度假购物等为一体的旅游中心；此外还有古镇内的漫川关战役纪念碑、小河袁家沟的红色旅游资源作为古镇新的旅游热点以及很多还在进一步挖掘开发的旅游文化资源。古镇具有重要的旅游经济价值。

5. 2 古镇的保护与旅游开发

5. 2. 1 古镇保护存在的问题

古镇的核心街区中保存了大量明、清至民国时期建造的天井院落，整体风格统一，地域特色明显，具有重要的历史、艺术、科学等方面的研究价值。但是，由于各种原因导致目前部分院落已经年久失修，成为危房甚至倒塌，部分院落被任意改造，破坏了原有的风貌。

1. 古镇建筑风貌遭到破坏

古镇中的大部分建筑建于明清时期，随着时间的推移，有部分建筑的木构架已经腐朽，土坯墙严重倾斜，甚至倒塌，已成为危房无法使用。另外，古镇居民对传统建筑进行随意改建的情况非常严重，有的镇民为了扩大使用面积，把木板墙的位置向外移到廊柱，把原来廊道封起来作为室内使用；有的为了采光方便，把原来的精美的木雕窗取下，换上推拉玻璃窗；有的拆梁改墙；有的拆除部分原有建筑，在空地上新建房屋；有的在外立面上进行刷漆、打磨，贴瓷片等改造。所使用的钢筋混凝土、铝合金门窗等现代材料，与传统木结构建筑风貌相互抵触，对原有建筑风貌破坏较大。

2. 古镇居住环境差，基础设施有待改进

传统的居住环境与现代生活模式之间存在着相当大的矛盾，传统建筑在采光、通风、卫生等方面不能适应现代生活的需求，居住性能较差。另外，基础设施（水、电、气等）和环境卫生设施（厕所、垃圾集运等）滞后，都影响了居民的实际生活水平，并由此衍生出居民擅自乱搭乱建，以及消防安全方面的隐患。

3. 古镇核心街区与新镇区缺乏合理规划，风格不协调

新镇区在古镇核心街区的周边任意发展，缺乏合理规划，新建建筑与传统建筑风格迥异，极不协调。破坏了古镇的整体格局，严重影响古镇的整体风貌。

4. 对生态环境造成了一定的破坏

随着旅游的兴起，大量游客涌入古镇，尤其是节假日，已经严重超出古镇原有的环境容量，但配套设施不完善，导致产生的大量污水和垃圾，乱排乱放。对古镇的自然环境造成严重的破坏。

5. 2. 2 保护的基本原则

古镇保护应遵循以下原则：

1. 整体性原则

漫川关古镇是在这里居住的人民世世代代生产生活所留下的产物，它的整体风貌、空间形态以及非物质文化遗产等等都见证了古镇从过去到今天发展的历史过程，无论是其自然环境、民情风俗或者城镇格局、传统建筑等，都具有独一无二的地域特征。所以，应坚持整体性原则，保护古镇的建筑、周边环境以及民情风俗等。

2. 可持续发展原则

古镇是有生命的文化载体，对它的保护与传承应是可持续的。旅游开发可以带来一定的经济效益，使当地居民有资金完成接下来古镇的保护和修缮工作。但不能以旅游开发为目的，任意改变城镇格局以及周边环境，对历史建筑任意改造。只有坚持可持续发展原则才能使古镇能永远生机勃勃。

3. 利益共享原则

漫川关的整个古建筑群是不可多得的旅游资源，但是一个古镇旅游业的开发却会涉及到多方的利益。因此，坚持利益共享原则是保障政府、当地居民、投资商等各方良好合作的基础，也是传统城镇保护与发展能够顺利进入市场的先决条件。在保护的同时，大力发展旅游业，用旅游业带来的经济效益来依托古镇的保护需要的费用，只有这样才能增强对传统城镇保护的可持续性。

5. 2. 3 自然环境的保护与控制

丰富的动植物资源与良好的生态环境，古镇所在的秦岭南坡陕南商洛地

区人居环境极好。据人口普查结果显示，长寿人群众多，截至2013年底，仅商洛市区90~94岁的老人396位，95岁以上老人59位（其中99岁老人4位，98岁老人5位）。绝佳的气候资源和水资源是造就这一长寿健康良好生活福地的主要因素。

1. 好空气

2014年的环保局空气优良天数的统计结果表明，商洛地区所在空气达到或好于二级环境质量标准的天数为351天，其中一级天数284天。负氧离子含量统计显示，商洛市地处秦岭腹地，森林覆盖率达68. 2%，空气负氧离子含量50000个/m^3，高于许多一线城市10多倍，是国家级生态示范区、国家南水北调水源涵养区，是“天然氧吧”。据近3年的统计数据显示，以关中地区的西安为例，年空气质量优良率不足50%，商洛则达到96%。对比全国许多地区，尤其是北方冬季因污染严重而导致的雾霆天气，古镇所处的陕南地区的空气质量在全国所有区域中都属极佳。

2. 好水

商洛地区的饮用水源保护区水质达标率为100%，pH为7. 2左右，是典型的弱碱性水，含钠、镁、e、钙、锗等十多种有益人体健康的微量元素。通过对水温、pH、电导率、硫酸盐、硬度、氟化物、溶解氧、氰化物、总砷等19项水质指标的监测和评价，商洛境内的水源供水情况均为合格。

从部分咏颂商洛的唐诗中，可看到陕南自古以来崇尚美好自然环境的人文氛围。如王勃的《春园》“山泉两处晚，花柳一园春。还持千口醉，共作百年人”。蔡隐丘的《石桥琪树》“山上天将近，人间路渐遥。谁当云里见，知欲渡仙桥”。最为人们熟知是盛唐诗人王维，他在车刚别业写下了许多以歌颂秦岭风光的诗作，其中的一首《鹿柴》更是人尽皆知，“空山不见人，但闻人语响。返景入深林，复照青苔上”。

3. 健康的食材、中药材

从整个秦岭山区的优质动植物资源可以看到陕南商洛地区整体土壤质量优良，雨水充足，有着“秦岭山中无闲草”的美誉，中药材1119多种，是天然的药库，以桔梗、当归、红参为代表的中草药是养生上品。盛产核桃、柿子、板栗、豆类等有益长寿的食材和特产。

古镇所处的秦岭山地气候、植被、土壤垂直分异规律明显，四季分明，夏热冬冷，夏秋多雨。古镇周围的山地景观更是有奇峰峻岭、悬泉飞瀑、茫茫林海、奇花异草、飞禽走兽等共同构成独具特色的自然景观。

古镇无论是适宜的气候环境还是丰富的动植物资源皆来自于山林，古镇的生态系统基础好，活力高，因此最为明显的生态旅游资源也就是山林。由于地处秦岭这个天然林场，使得古镇森林覆盖率极高。

山林的功能多样，特别在区域生态环境的改善和保护、水土保持、水源涵养等方面，其功能极为独特。同时这种自然资源也把游览观光、度假休闲、健身疗养等提供给游客。而且古镇也有机的结合了人文景观和山林景观，很好的融合了公众对于文化多样性与自然多样性的欣赏需求，全面拓展了旅游的主体内容。对于人文景观来说，山林的烘托、点缀、陪衬功能更甚，让人内心的美好意境顿生，就此提升持久吸引力与美感。活力的标志，生命的象征就是绿色，绿色如果缺失，人文景观便会显得活力不足与单调。

5. 2. 4 非物质文化遗产的保护与传承

2005 年，国际古迹遗址理事会（ICOMOS）发布的《西安宣言》中提到，关于文化遗产的保护，已经进入一个新的阶段，即从保护可见的、可触摸的物质文化遗产向保护包括物质、非物质文化遗产在内的整体文化遗产转变，ICOMOS 副主席郭旃说：“从物质与非物质两个方面展开的相关的保护实践已经成为文化遗产保护领域新时代的潮流”。

根据《中华人民共和国非物质文化遗产法》规定，非物质文化遗产包括下面几类：

1. 传统口头文学以及作为其载体的语言；
2. 传统美术、书法、音乐、舞蹈、戏剧、曲艺和杂耍；
3. 传统技艺、医药和历法；
4. 传统礼仪、节庆等民俗；
5. 传统体育和游艺；
6. 其他非物质文化遗产。

漫川关古镇在漫长的历史沉淀过程中，除了有形的物质文化遗产之外，还有许多非物质文化遗产，这些非物质文化遗产的保护与传承，也至关重要。

漫川关的非物质文化遗产十分丰富，有漫川大调、孝歌、漫川八大件等等，它们都是秦楚文化融合的产物，具有独特的地域特征，有很好的开发和利用价值。在保护过程中要全面系统准确地保护这些非物质文化的艺术形式及表现形式。保护内容分为两部分：一是保护当前表演者及制作民间艺人的传承人的继承和发展；二是加快对表演形式的发掘，对制作工艺的保护和抢救。

以漫川大调为例，可采取以下保护措施：

1. 全面落实普查结果，包括整理、录音、文字资料；

2. 成立非物质文化遗产协会；

3. 组织民间老艺人向年轻一代人传授漫川大调知识，建立起中青年传承人接受老艺人，以师带徒的传统培养模式；

4. 恢复传统表演项目；

5. 制定激励政策，调查老艺人的人数，制定养老基金制度，改善他们的生活条件，保护民间艺人，完善传承保护机制；

6. 建立非物质文化遗产数据库和漫川关非物质文化遗产博物馆，加强理论研究，培养典型，重点扶持，形成特色；

7. 建立以漫川关镇为中心的漫川大调交流平台。

5.2.5 旅游开发策略

1. 统一风格，注意细节设计

古镇的旅游开发没有形成系统的文化品牌，很多方面需要进行统一规划设计。例如，现代化的管网、电线可以进行埋地处理，路灯、垃圾箱、标识牌等公共设施延续古街风格色调，做到风格一体化。

在餐饮方面，餐厅的装饰风格、招牌、广告、菜单都应该有所特色，例如可以推出手绘系列菜单、特产展示柜、菜品展示墙、店铺文化展示墙（见图5-2-1）。也可为游客提供住宿、听漫川大调等其他休闲服务。在零售业方面，以酿酒售酒为例，可以提供一些酿酒过程的图片或者视频展示、参与酿酒过程的体验活动、以酒文化为主题的住宿服务。

图5-2-1 手绘菜品展示墙

2. 结合古镇特点，开发周边旅游产品

旅游产品是古镇的名片。漫川关古镇的旅游产品种类较少，除了一些山货、特色小吃、自酿酒以外，几乎没有其他产品，而这些既有产品从设计到包装都乏善可陈，无法突显千年古镇的文化底蕴。

因此应对旅游产品进行重新设计和开发。

（1）小吃和酒可以在包装设计方面重新构思，销售模式也可以结合展览销售、试吃销售、景点销售等方式进行。

（2）编织品、竹筒等工艺品制作则需要更加精细化的加工、创意的外观设计、多型号多功用产品的开发等。

（3）漫川关古镇也可以发行本地特色的明信片、书签、印章、地图、旅游攻略等产品（见图 5-2-2）。

图 5-2-2 手绘明信片

3. 形成完整的旅游产业链

目前，古镇中的商业活动主要以住宿和零售业为主，基本没有提供娱乐休闲的空间，这样很难吸引游客在此停留。因此，应适当发展旅游购物、特色餐饮、宾馆客栈、休闲娱乐、文化艺演、观光体验及其他综合配套产业，丰富旅游产业链。很多店铺的二层及后院以及由主街延伸的巷道等闲置空间也可以植入茶饮、咖啡、桌球、酒吧这些娱乐休闲功能。但应注意控制规模，切忌喧宾夺主，破坏古镇整体风貌。

4. 充分利用周边的旅游资源形成旅游区域

建设新农村试点，发展观光农业旅游农业，使游客来漫川关古镇的同时体验陕南独特的农业生活，感受劳动的快乐，比如游客可以去采蘑菇，摘核桃，种蔬菜，自己收集野味。与周边景区如天竺山、太极环流、法官乡等串联成片区，进而与安康的景区跨区域合作发展周末两日游等。

5. 引入新住户，共同发展

新的住户不仅有资金、人脉资源上的优势，同时也能提供创新的发展模式。在丽江古城，很多店主都是有故事的人，其中不乏有网红、明星、作家、艺术家等等，他们个人的效应也为古城增添了人气。漫川关古镇也可发挥自己的优势，吸引周边如西安的高校团体、艺术家等来此参观、投资。

6. 培养高素质的古镇旅游从业人员

当地政府必须站在战略高度上，认识到人才是第一资源，制定有力的措施培养一批具有专业素养的文化旅游人才，从质量数量上保证旅游业发展对人才的需要，要求相关部门应对当地的旅游从业人员进行正规的教育培训，更好为古镇旅游服务，提高当地居民的素质，充分调动当地居民的积极性，自觉地保护漫川关古镇的传统风貌和文化脉络。

参考文献

[1] 何智亚. 重庆古镇 [M]. 重庆：重庆出版社，1998.
[2] 黄光宇. 山地城市学 [M]. 北京：科学出版社，2002.
[3] 蓝勇. 三峡古镇 [M]. 福州：福建人民出版社，2005.
[4] 龙彬. 中国古代山水城市营建思想研究 [M]. 南昌：江西科学技术出版社，2001.
[5] 阮仪三，王景慧，王林. 历史文化名城保护理论与规划 [M]. 上海：同济大学出版社，1999.
[6] 吴良镛. 北京旧城与菊儿胡同 [M]. 北京：中国建筑工业出版社，1994.
[7] 吴良镛. 城市规划与设计论文集 [M]. 北京：燕山出版社，1986.
[8] 吴良镛. 人居环境科学导论 [M]. 北京：中国建筑工业出版社，2000.